BLOW DRY & IRON

블로우 드라이 및 아이론

PREFACE

블로우 드라이와 아이론은 헤어 분야에서 완성도가 가장 높은 작업으로 다양한 테크닉 구사가 가능하고 그에 따라 다양한 헤어스타일 연출이 가능합니다. 하지만 고열을 사용하는 작업인 만큼 어려움이 따르고 정확한 테크닉을 구사하지 않으면 큰 사고를 발생시킬 수 있기 때문에 정확한 테크닉 습득과 오랜 기간의 숙련 과정이 필요합니다.

본 교재는 기본에 충실하도록 이론을 정립하였습니다. 드라이 이론에서는 바람과 열에 의한 원리, 드라이 시술 시 중요 요소 등을 다루었고 아이론 이론에서는 고열에 의한 원리, 다양한 아이론의 종류들과 사용방법 등을 다루었습니다. 실기 부분은 드라이와 각종 아이론들의 정확한 테크닉 동작 과정을 통한 다양한 헤어스타일 연출 방법과 결과 사진들을 설명으로 정리하여 시각적으로 학습자들의 이해도를 높이도록 유도하였습니다.

부디 본 교재가 블로우 드라이와 아이론을 배우고자 하는 학생들과 현장 전문가들에게 유용한 지침서가 되길 바랍니다. 미비한 점은 앞으로 보완할 것을 약속드리며, 마지막으로 본 교재의 출판을 위해 노력해주신 구민사 임직원 여러분들께 감사의 마음을 전합니다.

저자

CONTENTS

블로우 드라이 및 아이론
BLOW DRY AND IRON

BLOW DRY AND IRON

블로우 드라이 및 아이론

1

제1강 오리엔테이션

학습목표_

수업계획서를 통하여 드라이와 아이론의 교육목표와 수업개요를 살펴본다.

1. 교육목표

헤어 스타일 연출에 있어 블로우 드라이와 아이론 드라이는 가장 기본적이고 중요한 테크닉이다. 본 과목은 블로우 드라이와 아이론 드라이의 열을 모발에 가하여 여러 종류의 브러쉬와 빗을 사용해 다양한 스타일을 연출하는 방법을 학습하고자 한다. 드라이와 아이론의 정의 및 역사, 목적, 도구 사용법 등 다양한 기초이론을 이해하고 기본 테크닉인 스트레이트, 인컬, 아웃컬, 가로 웨이브, 세로 웨이브의 실습 과정을 학습한다. 이를 통해 다양한 형태에 어울리는 헤어스타일을 연출할 수 있으며, 다양한 테크닉에 의한 이미지 변화와 헤어 디자인을 연출할 수 있다.

2. 수업개요 설명

수업진행 방식 소개

- 시청각 자료 및 교재 등을 활용한다.
- 실기 수업 시 데몬스트레이션을 진행한다.
- 개인별 지도를 병행한다.
- 질의응답으로 학습자의 이해도를 돕는다.

3. 수업평가방법 소개

적용 비율	시험성적 (중간 · 기말시험 등) 60%		과제물, 예 · 복습, 출석 등 40%		
	중간고사 (30%)	기말고사 (30%)	과제점수 (10%)	출석점수 (20%)	기타 (10%)

4. 준비물 공지

<table>
<tr><th>주차</th><th>주별주제</th><th colspan="2">준비물</th></tr>
<tr><td>1</td><td>오리엔테이션</td><td colspan="2">필기도구, 수업계획서</td></tr>
<tr><td>2</td><td>모발의 기초이론 및
헤어디자인 연출의 이해</td><td colspan="2" rowspan="4">교재, 필기도구</td></tr>
<tr><td>3</td><td>블로우 드라이의 기초이론 1</td></tr>
<tr><td>4</td><td>블로우 드라이의 기초이론 2</td></tr>
<tr><td>5</td><td>아이론의 기초이론</td></tr>
<tr><td>6</td><td>블로우 드라이 테크닉 1</td><td colspan="2">드라이 도구 일체(드라이기,
롤 브러쉬, 꼬리빗, 분무기, 클립,
홀더, 위그 등), 교재, 필기도구</td></tr>
<tr><td>7</td><td colspan="3">중간고사</td></tr>
<tr><td>8</td><td>블로우 드라이 테크닉 2</td><td colspan="2" rowspan="5">드라이 도구 일체(드라이기,
롤 브러쉬, 꼬리빗, 분무기, 클립,
홀더, 위그 등), 교재, 필기도구</td></tr>
<tr><td>9</td><td>블로우 드라이 테크닉 3</td></tr>
<tr><td>10</td><td>블로우 드라이 테크닉 4</td></tr>
<tr><td>11</td><td>블로우 드라이 테크닉 5</td></tr>
<tr><td>12</td><td>블로우 드라이 테크닉 6</td></tr>
<tr><td>13</td><td>아이론 테크닉 1</td><td rowspan="3">아이론 도구 일체
(드라이기, 롤 브러쉬,
꼬리빗, 분무기, 클립,
홀더, 위그 등),
교재, 필기도구</td><td>과제 제출</td></tr>
<tr><td>14</td><td>아이론 테크닉 2</td><td rowspan="2">기말고사
준비물공지</td></tr>
<tr><td>15</td><td>아이론 테크닉 3(보강주)</td></tr>
<tr><td>16</td><td colspan="3">기말고사</td></tr>
</table>

5. 수업계획서(SYLLABUS)

교과목	드라이 & 아이론	학수번호		학점 및 주당시간	
학 과		담당교수		연락처:	
				E-mail:	

수업 목표	헤어 스타일 연출에 있어 블로우 드라이와 아이론 드라이는 가장 기본적이고 중요한 테크닉이다. 본 과목은 블로우 드라이와 아이론 드라이의 열을 모발에 가하여 여러 종류의 브러쉬와 빗을 사용해 다양한 스타일을 연출하는 방법을 학습하고자 한다. 드라이와 아이론의 정의 및 역사, 목적, 도구 사용법 등 다양한 기초이론을 이해하고 기본 테크닉인 스트레이트, 인컬, 아웃컬, 가로 웨이브, 세로 웨이브의 실습 과정을 학습한다. 이를 통해 다양한 형태에 어울리는 헤어스타일을 연출할 수 있으며, 다양한 테크닉에 의한 이미지 변화와 헤어 디자인을 연출할 수 있다.

수업 진행방식	이론(강의 및 시청각 자료) 및 실습 1. 수업은 주별 강의주제에 따라 진행한다. 2. 교수 강의와 학생들의 실습을 병행한다. 3. 시청각 자료 및 동영상 자료 등을 활용한다.

적용 비율	시험성적(중간 · 기말시험 등) 60%		과제물, 예 · 복습, 출석 등 40%		
	중간고사 (30%)	기말고사 (30%)	과제점수 (10%)	출석점수 (20%)	기타 (10%)
학습 평가 방법	교과목별 해당 수업 시간수의 1/4 이상 결석 시 낙제처리 됨(F) 중간고사 – 이론시험(30점) 기말고사 – 실기시험(30점) 과제 및 기타 – (20점) 출석–1/4 이상 결석 시 F(20점)				

교재 및 참고도서				
저 자	출판년도	서 명	출판사	출판지

6. 주별 진도 계획 및 내용

주차	주별주제	수업 계획 및 내용	수업 진행방식	과제물,시험, 준비물
1	오리엔테이션	과목소개,교수소개, 강의계획서,수업진행 방식에 대한 전반적인 오리엔테이션	강의	강의계획서 배포 자기소개서 제출, 과제 공지
2	모발의 기초이론 및 헤어디자인 연출의 이해	• 모발의 이해 및 모발의 구조 • 모근부와 모간부의 이해 • 모발의 단면과 모류에 따른 분류 • 모발의 손상원인 • 헤어디자인 연출의 이해	강의	교재, 필기도구
3	블로우 드라이의 기초이론 1	• 블로우 드라이의 기초 이론 이해 • 블로우 드라이의 정의 및 목적 • 블로우 드라이의 원리 • 블로우 드라이의 중요 요소 • 두상의 이해 및 두상 포인트 용어	강의	교재, 필기도구
4	블로우 드라이의 기초이론 2	• 블로우 드라이의 역시 • 블로우 드라이의 종류 및 도구 사용법 • 블로우 드라이의 준비 및 시술자세 • 블로우 드라이의 유의사항 및 브러쉬 테크닉	강의	교재, 필기도구
5	아이론의 기초이론	• 아이론의 기초이론 이해 • 아이론의 정의 및 목적 • 아이론의 원리 및 온도 • 아이론의 장 · 단점 • 아이론의 역사, 종류 및 도구 • 아이론의 준비 및 시술자세, 유의사항	강의	교재, 필기도구
6	블로우 드라이 테크닉 1	스트레이트 기법 디자인의 이해	강의 및 실습	드라이 도구 일체(드라이기, 롤 브러쉬, 꼬리빗, 분무기, 클립, 홀더, 위그 등), 교재, 필기도구
7	중간고사			
8	블로우 드라이 테크닉 2	인컬(C컬) 기법 디자인의 이해(Long)	강의 및 실습	드라이 도구 일체(드라이기, 롤 브러쉬, 꼬리빗, 분무기, 클립, 홀더, 위그 등), 교재, 필기도구
9	블로우 드라이 테크닉 3	인컬(C컬) 기법 디자인의 이해(Medium)	강의 및 실습	"
10	블로우 드라이 테크닉 4	아웃컬 기법 디자인의 이해	강의 및 실습	"
11	블로우 드라이 테크닉 5	세로 웨이브(포워드) 기법 디자인의 이해	강의 및 실습	"
12	블로우 드라이 테크닉 6	세로 웨이브(리버스) 기법 디자인의 이해	강의 및 실습	"
13	아이론 테크닉 1	스트레이트 기법 디자인의 이해	강의 및 실습	아이론 도구 일체(드라이기, 롤 브러쉬, 꼬리빗, 분무기, 클립, 홀더, 위그 등), 교재, 필기도구, 과제 제출
14	아이론 테크닉 2	S컬 기법 디자인의 이해	강의 및 실습	" 기말고사 준비물 공지
15	아이론 테크닉 3 (보강주)	혼합형 디자인의 이해 여러 가지 패턴을 활용하여 유행스타일 토론 및 레포트 발표		"
16	기말고사			

BLOW DRY AND IRON

블로우 드라이 및 아이론

제2강 모발의 기초이론 및 헤어디자인 연출의 이해

2

학습목표__

모발의 구조적 특성을 알아보고 이해한다.
얼굴형을 알아보고 그에 맞는 헤어스타일 연출법을 익힌다.
헤어파팅의 종류에 대해 알아본다.

1. 모발의 이해

1) 모발의 구조

모발은 크게 피부 밖에 위치한 모간부와 피부 속에 위치한 모근부로 나눌 수 있다. 같은 조직에서 파생되었지만 모간부는 세포분열을 더이상 하지 않고 모근부는 세포분열이 이루어진다.

(1) 모간부

두피 바깥 부위로 눈에 보이는 모발을 말한다. 모표피, 모피질, 모수질로 이루어져 있다.

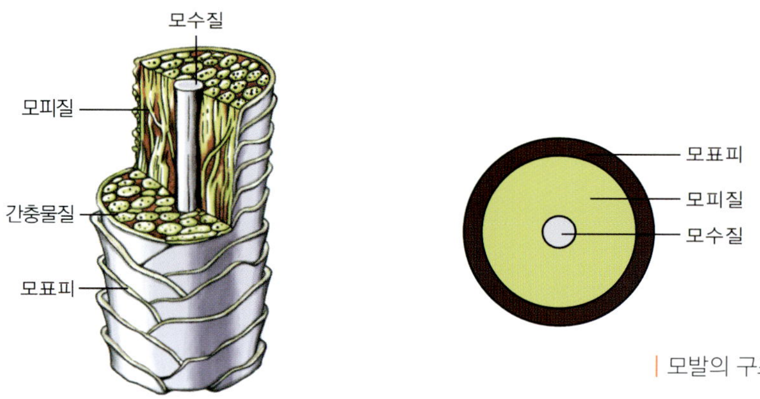

| 모발의 구조 및 횡단면

① 모표피(cuticle)

모발의 가장 바깥부분으로 투명한 경케라틴 층의 물고기 비늘과 같은 형태로 인종과 개인에 따라 5~15층 겹쳐져 있는 문리 모양을 하고 있다. 모발을 보호하고 모발 손상의 척도가 되며 건강할수록 견고하다. 비교적 화학약품에 강하나 물리적 힘에는 약하다.

모발의 바깥층부터 에피큐티클, 엑소큐티클, 엔도큐티클의 3개의 층으로 되어 있다.

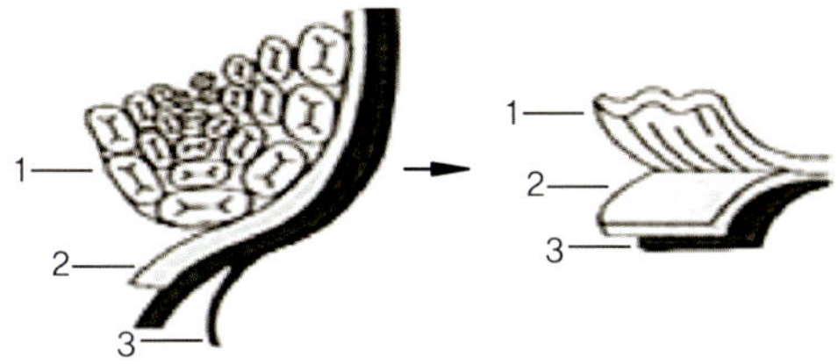

1. 엔도큐티클
2. 엑소큐티클
3. 에피큐티클

| 모표피의 구조

모표피 확대사진	
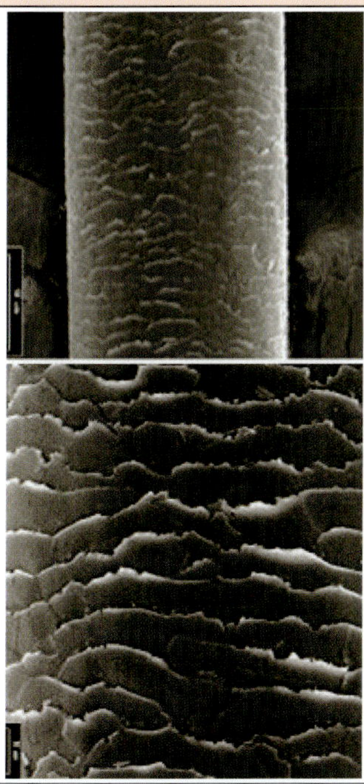	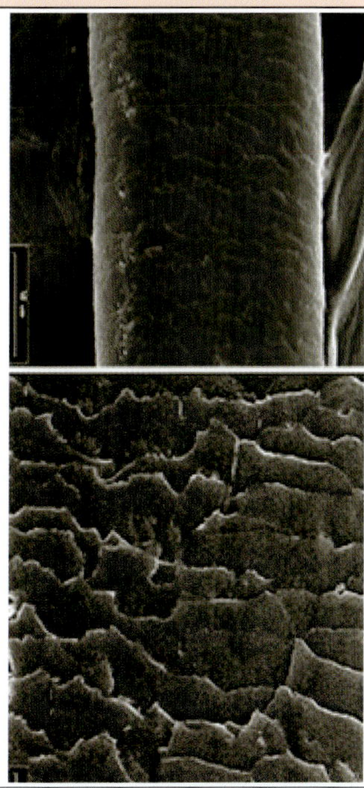
건강모	손상모

② 모피질(cortex)

모피질은 모발의 80~90%를 차지하고 있으며 피질세포와 간충물질로 구성되어 있다. 멜라닌 색소를 함유하고 있고 약제와 작용을 하기 때문에 미용시술에 가장 관련이 깊다.

- 피질세포(결정 영역)
  - 매크로 피브릴(macro fibril)
  - 마이크로 피브릴(micro fibril)
  - 프로토 피브릴(proto fibril)
- 간충물질(비결정영역)

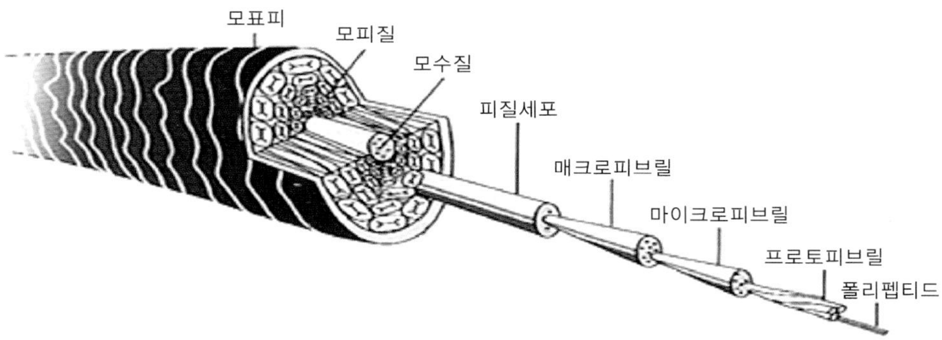

| 모피질의 구조

③ 모수질(medulla)

모발의 중심부로 벌집 모양의 세포가 나열되어 있고 공기를 함유하고 있다. 모발의 보온에 관련되어 있으며 직경 0.09mm 이상의 굵은 모발에 존재하고 0.07mm 이하의 모발에는 거의 존재하지 않는다.

(2) 모근부

두피 안쪽에 위치하고 있으며 모낭, 모구, 모유두 등으로 이루어져 있다.

① 모낭

모근을 싸고 있는 내·외층 피막으로 된 작은 주머니이다. 피부의 함몰로 진피 깊은 곳까지 생성되어 있고, 손바닥, 발바닥, 입술, 귀두를 제외한 모든 피부에 분포되어 있다. 태아 때부터 그 수가 정해져 있으며 모낭이 손상되면 모발이 자랄 수 없게 된다.

② 모구

모구 밑의 둥근 부분으로 모유두와 연결되어 있다.

③ 모유두

세포분열이 시작되는 곳으로 모세혈관과 자율신경이 분포되어 있으며 모발에 영양분과 산소를 공급하여 성장시킨다.

④ 모모세포

모유두로부터 영양을 공급받아 세포분열과 증식이 이루어지면서 각화되어 위로 밀려올라가 모발이 된다.

⑤ 색소세포

인종과 개인에 따라 색소 입자의 차이로 모발의 색이 결정된다.

⑥ 피지선

모낭 옆에 자리하고 있어 피지를 분비시켜 모발과 두피의 윤기 및 보호 역할을 해준다.

⑦ 입모근

추위나 공포 등을 느끼면 모낭을 수축시켜 체온 손실을 막고 피지선을 압박하여 피지 분비를 돕는 작용을 한다.

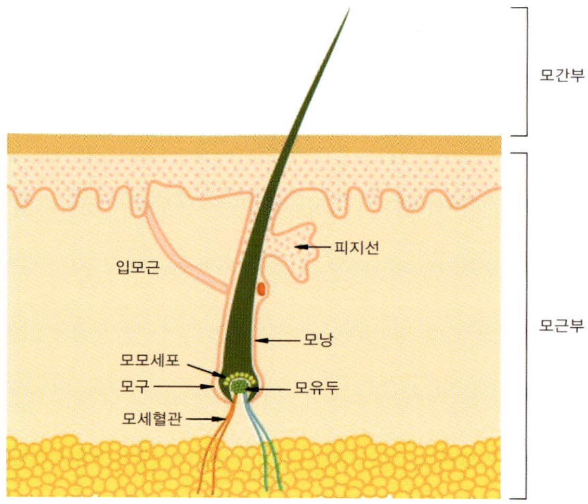

2) 모발의 분류

모발은 유전적 영향과 인종에 따라 형상이 다른데 모발의 단면에 따라 크게 직모, 파상모, 축모로 구분된다.

① 직모

피부표면으로부터 직선의 형태로 나온 모발로 단면이 원형을 띠고 있다. 대부분 황인종에게 많다.

② 파상모

피부표면으로부터 비스듬히 자라난 형태의 모발로 단면이 타원형으로 웨이브가 있다. 주로 백인종에게 나타난다.

③ 축모

피부표면으로부터 굽어진 형태로 모발의 단면이 납작한 형태이다. 주로 흑인종에게 나타난다.

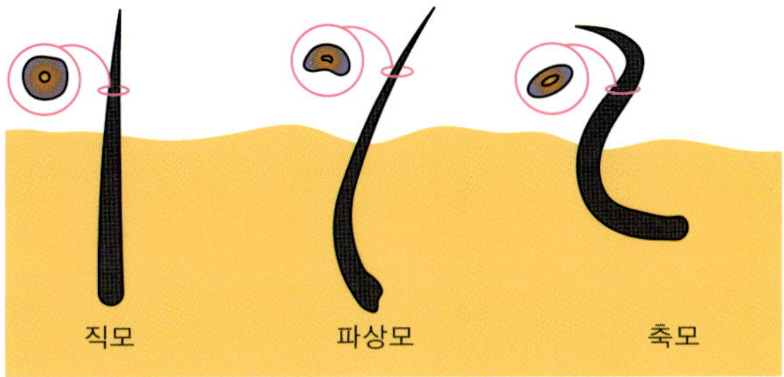

3) 모류에 따른 분류

전체적으로 자라난 모발의 흐름을 모류라고 한다.

① 홀

크라운 부분에서 원형의 흐름으로 자라난 형태를 말한다.

② 카우릭

이마 앞 부분에 강한 모발의 흐름이 나타난 형태를 말한다.

③ 더블크라운

크라운 부분에 원형의 홀이 두 개인 것을 말한다.

4) 모발의 손상 원인

① 화학적 원인

퍼머넌트나 탈색 및 염색제, 알칼리제가 포함된 제품 등 미용시술을 함으로써 사용되는 화학제품에 의해 모발이 손상된다. 반복적인 화학제품에 의한 미용시술은 모발의 내부까지 손상시키게 된다. 이런 화학제품을 사용하여 미용시술을 할 때에는 방치 시간을 잘 지키는 것이 모발 손상을 줄일 수 있다.

② 물리적 원인

일상생활 속에서 빈번하게 행하는 샴푸 및 빗질, 드라이를 이용한 건조, 미용기구의 반복적인 사용 등 여러 가지 생활습관들이 모발의 손상을 초래한다. 무리하게 브러싱을 하거나 너무 힘을 주어 모발의 마찰을 주는 샴푸 등도 물리적 손상을 줄 수 있다. 또한 머리를 묶거나 핀 꽂기, 백 코밍의 미용시술들도 하나의 원인이 되어 형태적인 변화를 준다.

③ 환경적 원인

자외선 및 바람, 바닷물, 환경오염 등 자연 환경이 원인이 되는 손상이다. 직접적인 노출을 최소화하고 모발이 보호되는 여러 가지 형태의 제품을 바르는 것이 손상을 줄일 수 있는 방법이다.

2. 헤어 스타일 연출의 이해

1) 얼굴형에 따른 헤어디자인 연출

얼굴형은 일반적으로 계란형, 둥근형, 사각형, 직사각형, 마름모형, 역삼각형, 삼각형으로 나뉜다.

(1) 계란형(장원형)

① 특징

얼굴의 면적에서 세로의 비율이 가로의 비율보다 약 1.5배 정도로 가장 이상적인 얼굴형이다.

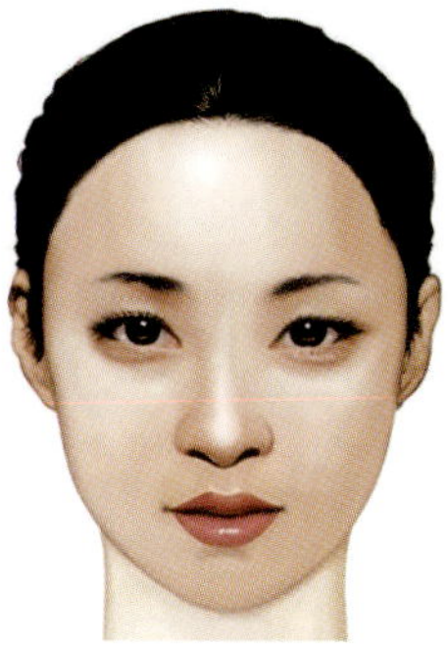

② 연출법

많은 전문가들이 가장 이상적인 얼굴형이라고 말하는 이유는 어떤 헤어 스타일도 무난하게 소화해 내기 때문이다.

(2) 둥근형

① 특징

둥근 헤어라인과 둥근 턱선을 가지고 있고 얼굴이 큰 편에 속한다.

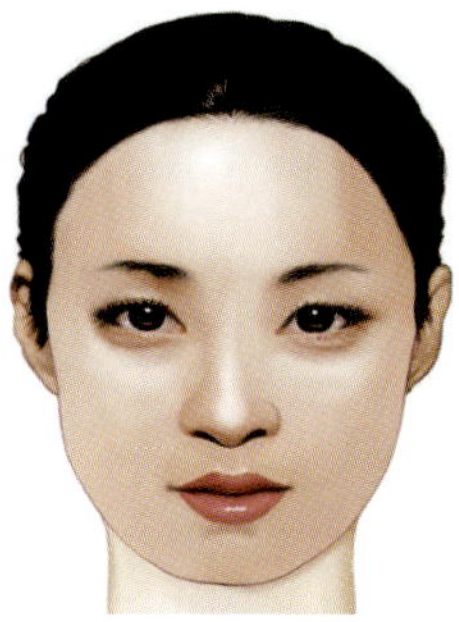

② 연출법

길게 층을 내어 얼굴의 양옆을 자연스럽게 가려주어 얼굴이 길어 보이도록 연출한다.

긴 머리보다는 단발이 더욱 어울리며 앞머리를 내릴 경우 눈썹보다 위로 올라갈수록 얼굴이 길어 보이는 효과를 줄 수 있다. 탑 부분에 볼륨을 강조하는 것이 이상적이고, 사이드 부분에는 과장된 볼륨을 주지 않도록 주의한다.

(3) 사각형(정방형)

① 특징

직선의 헤어라인과 직선의 턱선을 가지고 있고 둥근 느낌이 없는 각진 느낌을 가진 얼굴형이다.

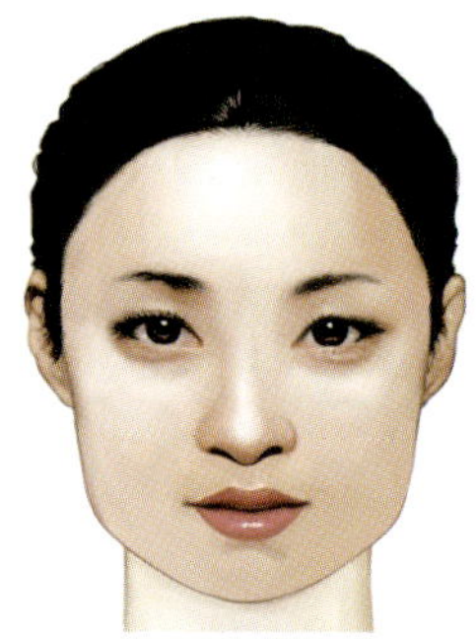

② 연출법

둥근형과 마찬가지로 얼굴 양옆에 층을 내주고 웨이브나 컬을 넣어 직선 느낌이 아닌 곡선 느낌을 살려 딱딱함을 분산시켜 부드러움을 더한다.
가르마는 센터보다는 사이드가 더욱 이상적이고 앞머리는 일자형태를 피하도록 한다.

(4) 직사각형(장방형)

① 특징

높은 이마와 긴 턱을 가지고 있고 다소 날카로워 보이는 얼굴형이다.

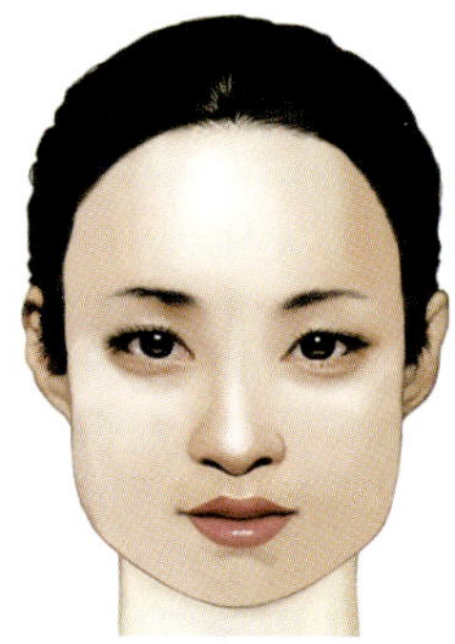

② 연출법

가르마는 센터보다는 사이드가 이상적이고 주의 할 점은 가르마를 길게 타지 않는 것이 더 중요하다. 자칫 얼굴 길이가 더욱 길게 부각되어 보일 수 있다. 앞머리는 눈썹보다 길게 내어 연출하여 주는 것이 좋고, 사이드 부분에 볼륨을 주어 풍성하게 연출하여 얼굴 길이가 짧아보이게 한다.

(5) 마름모형

① 특징

좁은 이마와 넓은 광대 그리고 가는 턱선을 가지고 있다.

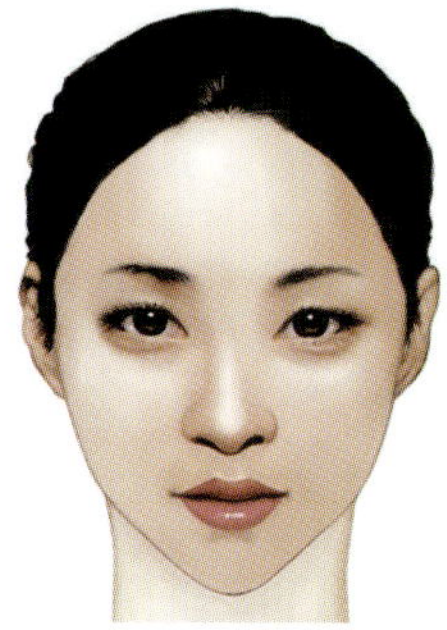

② 연출법

이마와 턱 쪽에 볼륨을 주어 풍성한 느낌을 연출하며 광대는 자연스럽게 가려준다. 단순한 스타일은 광대를 더욱 돌출되어 보이게 하므로 피하도록 한다.

(6) 역삼각형

① 특징

넓은 이마와 가는 턱선을 가지고 있다.

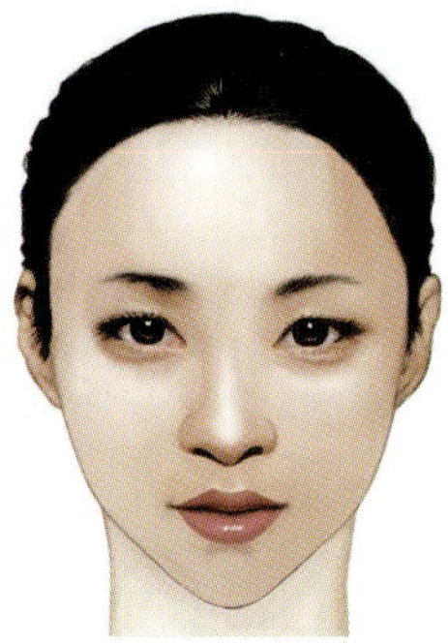

② 연출법

볼 쪽에 컬을 연출하여 볼륨을 주어 풍성한 느낌을 만들어 뾰족한 턱선을 보완하는 스타일을 연출한다.

(7) 삼각형

① 특징

좁은 이마와 넓은 턱선을 가지고 있다.

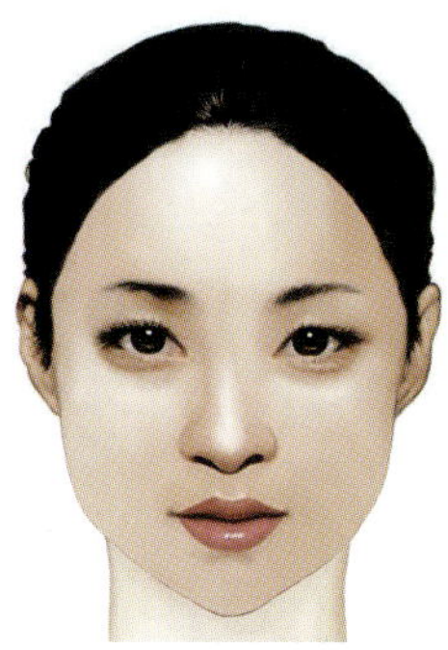

② 연출법

이마부분은 앞머리를 이용하여 연출하고 양쪽 볼과 넓은 턱을 가릴 수 있도록 자연스럽게 흘러내리는 스타일을 연출한다. 풍성한 웨이브스타일을 하게 되면 턱선이 더욱 넓어 보일 수 있으므로 피하도록 한다.

2) 헤어 파팅(가르마)에 따른 헤어디자인 연출

(1) 노파트

모류의 자연스러운 흐름 그대로 헤어스타일을 연출하는 파트이다.

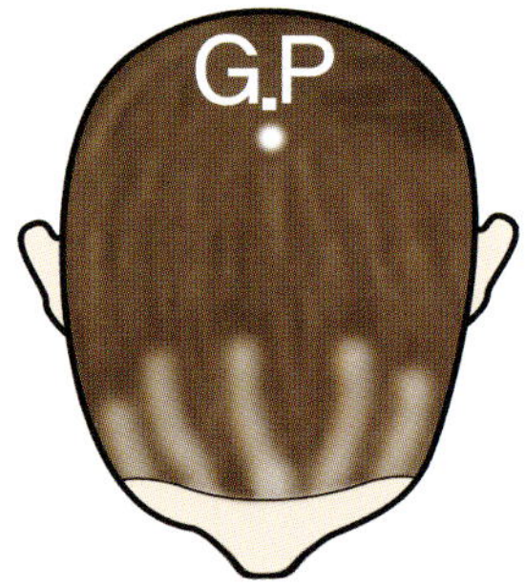

(2) 센터 파트

가운데를 중심으로 모발을 나누어 연출하는 파트이다. 긴 얼굴형에는 사용하지 않는 것이 좋고, 역삼각형 얼굴형에 잘 어울린다.

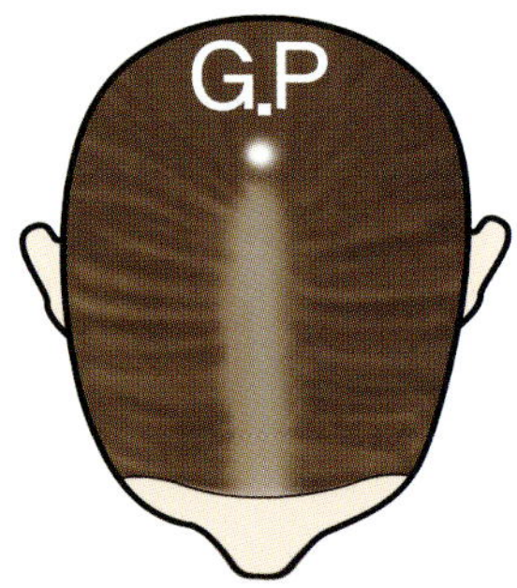

(3) 사이드 파트

왼쪽과 오른쪽을 선택하여 얼굴형과 원하는 스타일에 맞게 연출한다.

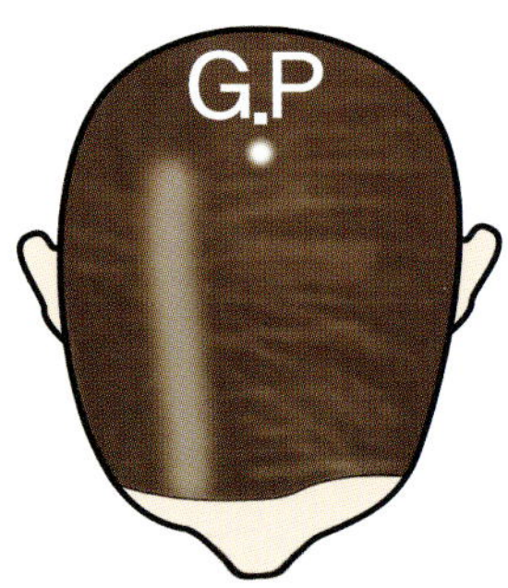

(4) 라운드 사이드 파트

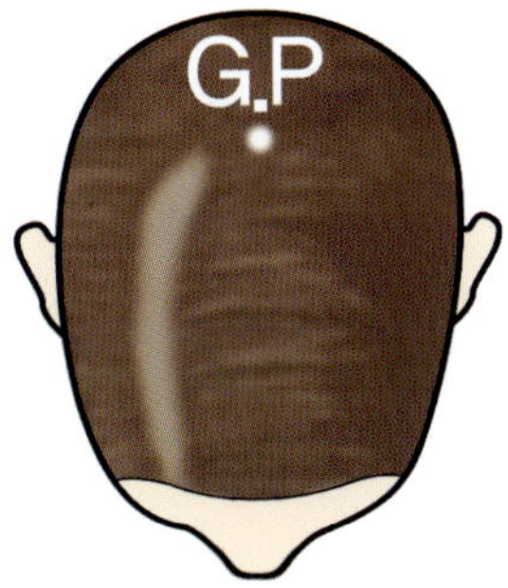

사이드 파트에서 직선이 아닌 라운드 라인으로 굴려 가르마를 타는 파트로 좀 더 부드러운 느낌을 연출할 수 있다. 각진 얼굴형에 잘 어울리는 파트이다.

(5) 다이아거널 파트

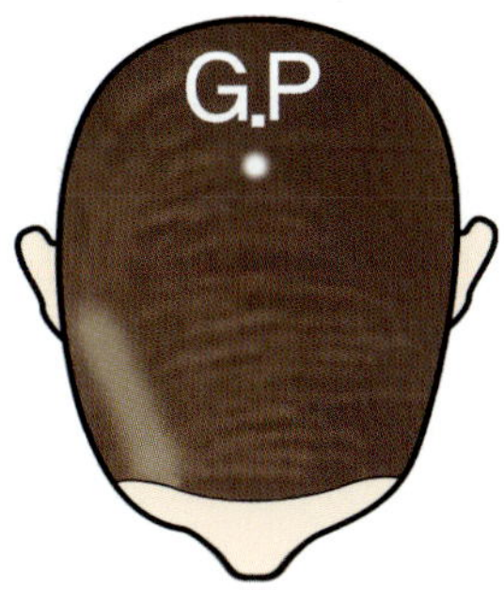

사이드 파트를 대각선으로 나눈 것으로 원하는 스타일에 맞게 연출한다.

BLOW DRY AND IRON

블로우 드라이 및 아이론

제3강

블로우 드라이의 기초이론 1

3

학습목표_

블로우 드라이의 정의 및 목적을 알아본다.
블로우 드라이의 원리를 이해한다.
블로우 드라이 시술시 중요 요소에 대해 알아본다.
두상포인트를 익힌다.

1. 블로우 드라이의 정의

블로우 드라이는 드라이기의 열과 바람을 이용하여 모발의 수소 결합을 구조적으로 변화시켜 원하는 헤어 스타일을 연출하는 일시적인 세트로, 가장 기본적이면서 가장 완성도가 높은 시술 기법이다.

2. 블로우 드라이의 목적

① 샴푸 후 젖은 모발을 건조 시키는데 목적이 있다.
② 원하는 헤어 스타일을 연출 하는데 목적이 있다.
③ 커트, 퍼머, 염색 등의 시술 후 부족한 부분을 보완하여 헤어스타일의 완성도를 높이기 위한 목적이 있다.
④ 빠른시간 내에 머릿결을 정돈하고 헤어 스타일을 연출하기 위한 목적이 있다.
⑤ 모발의 윤기, 방향, 볼륨, 컬 등을 표현하는데 목적이 있다.
⑥ 단점을 보완하고 이미지에 맞는 아름다움을 표현하기 위한 목적이 있다.
⑦ 두상에 맞는 볼륨을 조절하기 위한 목적이 있다.
⑧ 다양한 컬과 웨이브를 형성하기 위한 목적이 있다.

3. 블로우 드라이의 원리

모발은 물에 젖으면 모발 내의 측쇄 결합 중 수소 결합이 일시적으로 끊어졌다가 수분이 다시 증발하면 끊어졌던 수소 결합이 재결합을 하게 된다. 이처럼 모발은 수분에 의해 절단과 결합이 반복하게 되는데, 이 성질을 이용한 것이 블로우 드라이이다.
드라이기의 열과 바람을 이용해 수분을 증발 시키면서 손이나 브러쉬로 물리적인 힘을 가하여 원하는 모양으로 고정시키면 헤어 스타일 연출이 가능하다. 그러나 다시 수분이 닿으면 수소 결합이 끊어져 원래의 모발 상태로 돌아가게 된다. 이를 일시적 세트라고 말하며 다양한 스타일을 연출할 수 있다는 장점이 있다.

3

4. 블로우 드라이의 중요 요소

1) 열

블로우 드라이는 드라이기의 60 ~ 90℃의 높은 열을 사용하여 모발의 구조에 변화를 주기 때문에 각별한 주의가 필요하다.
모발의 상태에 따라 드라이기의 열을 조절하여 사용해야 한다.

온도	모발의 변화
70℃	모발의 결합구조 변화 시작
100℃	모발의 성질이 변하고 손상이 시작
130℃	모발이 변형을 일으키고 변색이 시작
190℃	모발의 모표피가 녹기 시작
250℃	모발이 타서 분해 시작

2) 수분

모발은 약 10~15% 정도의 수분을 함유하고 있다. 드라이 시술 시 수분 함량은 중요한 역할을 하기 때문에 모발의 손상 정도에 따라 수분 함유량을 다르게 해야 한다.
건조한 상태에서 드라이를 할 경우 원하는 스타일을 연출하기 힘들고 기존의 수분까지 증발해 모발 손상의 원인이 된다. 또한 수분이 과한 상태에서 드라이를 할 경우에는 모발이 늘어지고 작업시간이 길어져 이 또한 모발 손상의 원인이 된다.
특히 모발의 함수율이 높을 때는 저온에서도 모발의 구조가 변하기 때문에 드라이 전에는 타올 드라이를 충분히 해줘야 한다.
드라이가 끝난 후에도 수분이 10%가 남아 있어야 한다.

구분	모근	모간	모선
극 손상모	10%	35%	50%
손상모	10%	25%	40%
건강모	10%	15%	30%

3) 각도

사람의 두상은 둥근 형태를 하고 있기 때문에 모발의 각도는 매우 중요한 요소 중 하나인데, 특히 모근의 볼륨을 연출할 때 가장 결정적인 역할을 한다.

원하는 스타일, 두상의 모양, 커트된 스타일, 퍼머넌트 웨이브의 정도에 따라 드라이와 롤 브러쉬의 각도를 다르게 해야 한다.

사용 각도는 일반적으로 45˚, 90˚, 120 ~135˚ 이상으로 구분된다.

각도	위치	볼륨	특징
45˚	네이프	소	볼륨이 불필요한 부분이나 모발 숱이 많아 다운시킬 때 용이하다.
90˚	백, 골덴	중	가장 기본으로 자연스러운 볼륨을 형성한다.
120~135˚	골덴, 탑	대	가장 큰 볼륨을 줄 때나 머리숱이 없을 때 사용한다. 모선 끝의 방향성이 없다.

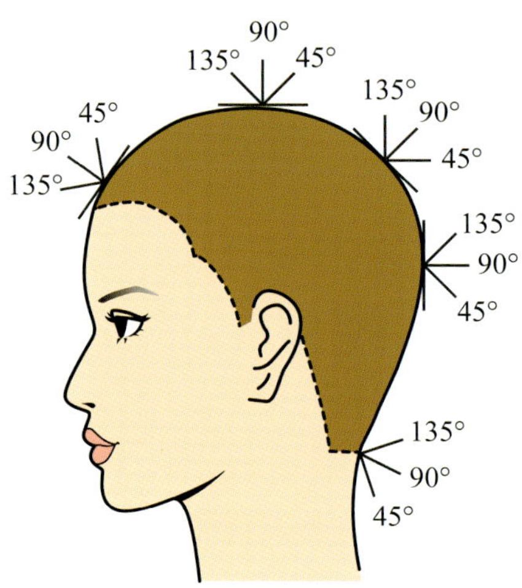

| 두상 위치의 각도

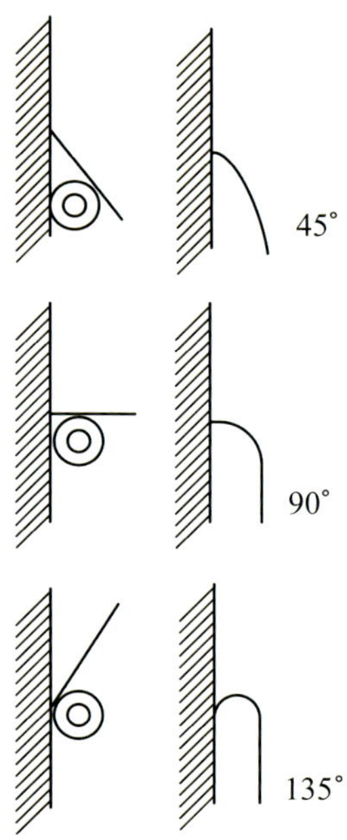

| 베이스의 각도

4) 텐션

텐션은 블로우 드라이 시 사용하는 브러쉬가 모발을 잡아당기는 힘을 말한다.
윤기있는 모발을 만들기 위해서는 모발 전체에 고르게 텐션이 주어진 상태에서 롤의 회전이 되어야 한다. 텐션이 고르게 들어가지 않으면 모발이 롤에 엉키게 되고 모발 손상이 될 수 있다.
특히 너무 젖은 모발에 강한 텐션이 들어가면 신축성으로 인해 모발이 늘어져 손상이 된다.

5) 속도

드라이 시술 시 적당한 속도는 모발의 윤기와 매끈함을 결정짓게 한다.
너무 빠른 속도와 잦은 빗질은 과도한 마찰로 인해 모발을 건조하게 하여 손상 및 정전기를 발생 시킨다. 따라서 모발의 상태에 따라 적당한 속도를 유지하여야 한다.
모발의 흐름을 정리할 때는 빠른 속도를 유지하는 것이 좋고 곱슬모나 손상모의 윤기와 매끈함을 표현할 때는 느린 속도를 유지하는 것이 좋다. 그리고 열을 가한 후 식는 시간을 충분히 주어 고정되는 시간을 주어야 한다.

6) 회전

롤 브러쉬에 의한 회전을 말한다. 모발을 롤에 고르게 감은 후 롤을 회전시킨 수에 따라 모발 끝의 윤기, 방향성과 탄력이 정해진다.
스트레이트 연출 시에는 롤을 회전하지 않고 열만 주고 C컬 연출 시에는 원하는 컬의 크기에 따라 반바퀴 혹은 한 바퀴 회전하여 조절한다. S컬 연출 시에는 두 바퀴 이상 회전하여 컬을 만들어 준다.

7) 판넬의 폭

판넬의 폭은 일반적으로 사용하는 롤 브러쉬의 지름과 길이가 같은 크기로 잡는게 적당하다. 하지만 모발의 상태나 원하는 형태에 따라 폭을 다르게 한다.

8) 세정

위의 모든 요소가 만족되어도 모발의 세정 상태가 좋지 못하면 원하는 헤어 스타일을 연출하기 어렵게 된다. 모공의 과도한 유분과 공기 중의 먼지들이 모발에 흡착되어 모발의 새로운 결합을 방해하기 때문이다.
그러므로 모든 시술의 기본은 알맞은 세정이다.

5. 블로우 드라이의 장점과 단점

1) 장점

• 모발의 건조와 스타일 연출이 가능하다.
• 아이론에 비해 컬이 풍성하고 자연스러운 연출이 가능하다.
• 모근의 볼륨 조절이 자유롭다.

2) 단점

• 아이론에 비해 모발의 윤기가 떨어진다.
• 아이론에 비해 온도 범위가 낮다.
• 온도가 낮아 헤어 스타일의 유지력이 떨어진다.

6. 블로우 드라이의 주의사항

① 드라이의 열이 모발에 전달되는 시간을 충분히 줘야 한다.

② 모발에 전달된 드라이의 열이 식는 시간을 충분히 줘야 한다.

③ 베이스 폭과 브러쉬의 두께가 적당해야 한다.

④ 롤에 감기는 모발 끝이 접히지 않아야 한다.

⑤ 드라이의 지나친 열에 의한 모발 손상과 두피 화상을 주의한다.

⑥ 드라이기 흡입구(모터 팬)에 모발이 빨려 들어가지 않도록 주의한다.

⑦ 보관 시 습기가 많은 곳은 피하고 젖은 손으로 사용하지 않는다.

⑧ 드라이기 흡입구(모터 팬)의 먼지나 이물질을 정기적으로 제거해 준다.

⑨ 드라이기의 전선을 당겨서 뽑거나 꺾이게 보관하면 누전의 위험이 높다.

7. 두상의 이해 및 두상 포인트 용어

블로우 드라이 및 아이론 시술 시 정확성을 위해 두상의 특정 포인트들을 연결하여 섹셔닝 또는 파팅을 한다. 이 두상 포인트들은 모든 헤어 시술에서 사용되어 매우 중요하다.

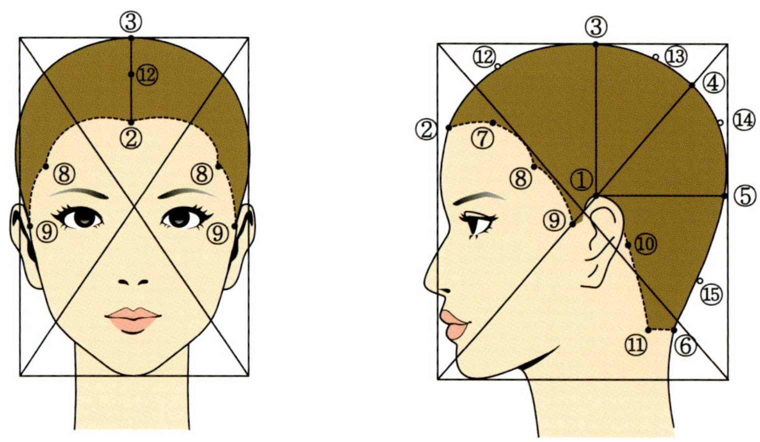

번 호	약 어	용 어
①	E.P	Ear Point
②	C.P	Center Point
③	T.P	Top Point
④	G.P	Golden Point
⑤	B.P	Back Point
⑥	N.P	Nape Point
⑦	F.S.P	Front Side Point
⑧	S.P	Side Point
⑨	S.C.P	Side Corner Point
⑩	E.B.P	Ear Back Point
⑪	N.S.P	Nape Side Point
⑫	C.T.M.P	Center Top Medium Point
⑬	T.G.M.P	Top Golden Medium Point
⑭	G.B.M.P	Golden Back Medium Point
⑮	B.N.M.P	Back Nape Medium Point

두상포인트 체크하기

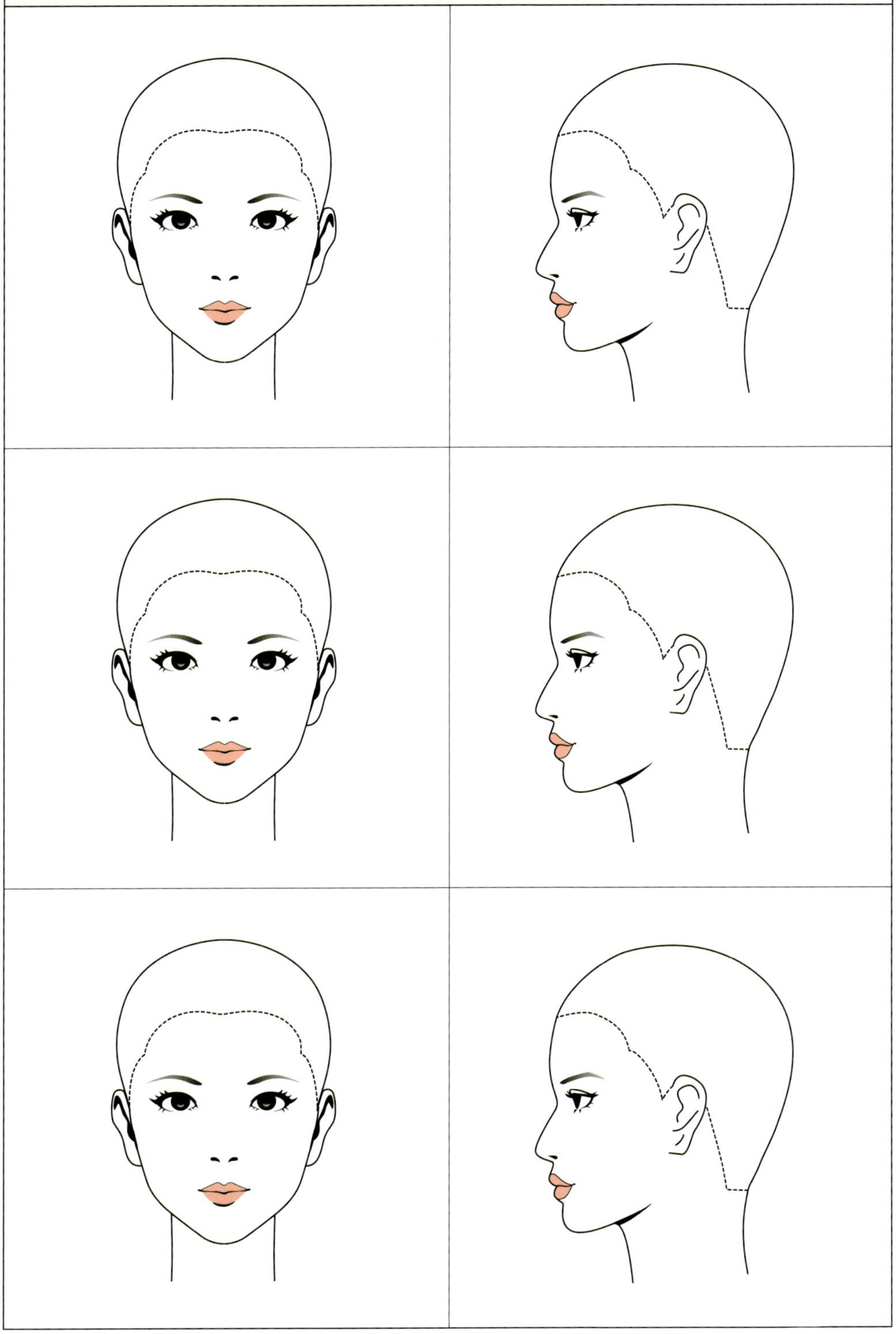

8. 헤어 파팅

1) 호리존탈(수평, horizontal)

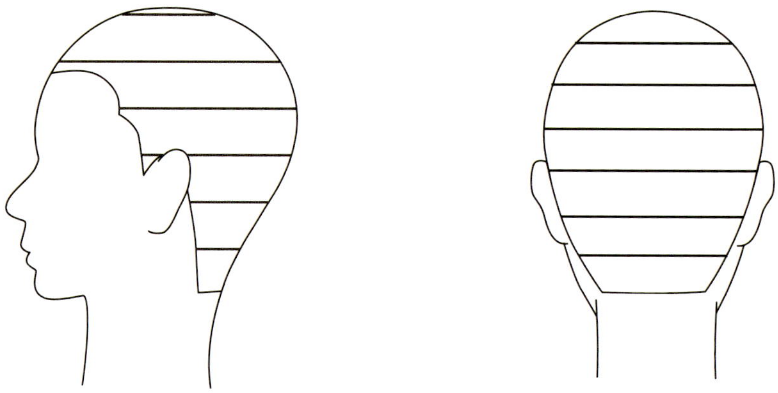

2) 버티컬(수직, vertical)

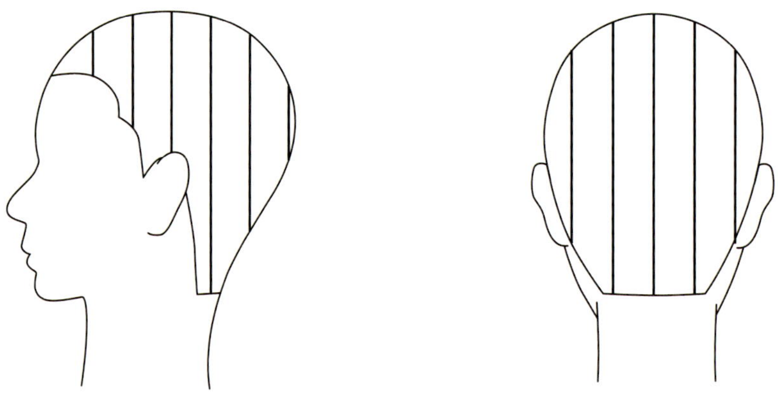

3) 다이아거널(전대각, diagonal forward)

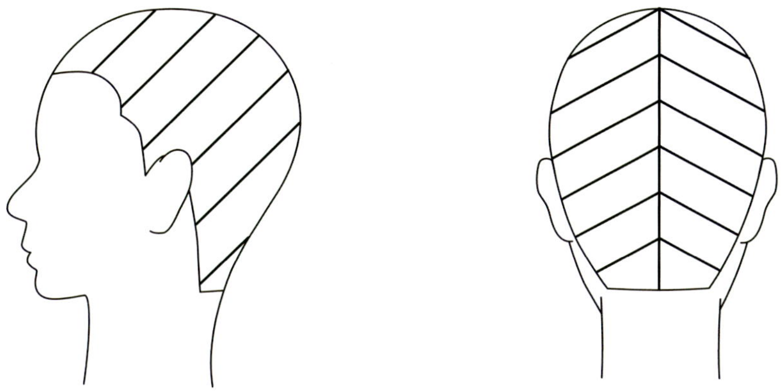

4) 다이아거널(후대각, diagonal back)

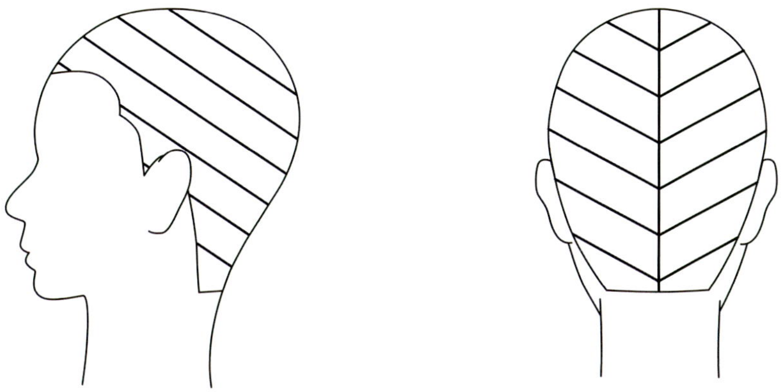

5) 피봇(방사선, pivot)

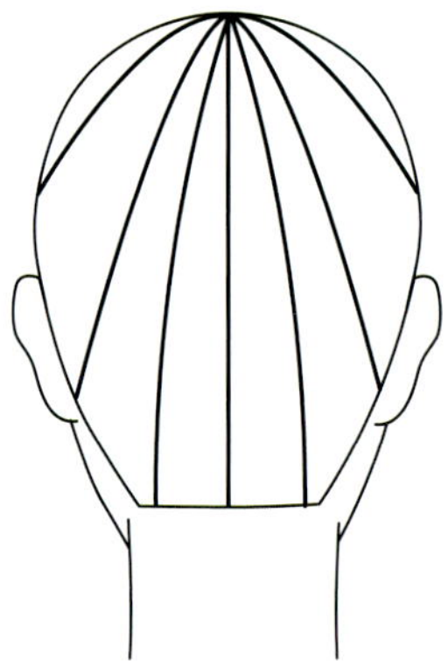

BLOW DRY AND IRON

블로우 드라이 및 아이론

제4강
블로우 드라이의 기초이론 2

4

학습목표__

블로우 드라이의 역사를 학습한다.
블로우 드라이 시술시 사용되는 도구들을 알아보고 사용법을 익힌다.
블로우 드라이의 올바른 시술 자세를 익힌다.

1. 블로우 드라이의 역사

1960년대 중반 프랑스에서 블로우 드라이가 시작되었다.

처음에는 브러싱이라 불리면서 사용되었다.

여성들의 사회적 진출로 인해 헤어스타일의 쉽고 빠른 손질을 위해 유용했다.

영국 비달사순이 'Cut & Blow Dry'로 젊은 여성들에게 인기를 얻었다.

1970년대 우리나라에도 도입되어 유행이 시작되었다.

그 전에는 아이론을 사용하였다.

1980년대 이후 우리나라에서도 블로우 드라이가 널리 보급되어 정착하였다.

2000년대 이후부터 현재까지 전문가용 드라이기 외에도 가정에서 손쉽게 사용할 수 있는 드라이기들이 개발되어 사용되고 있다.

2. 노즐 드라이의 명칭

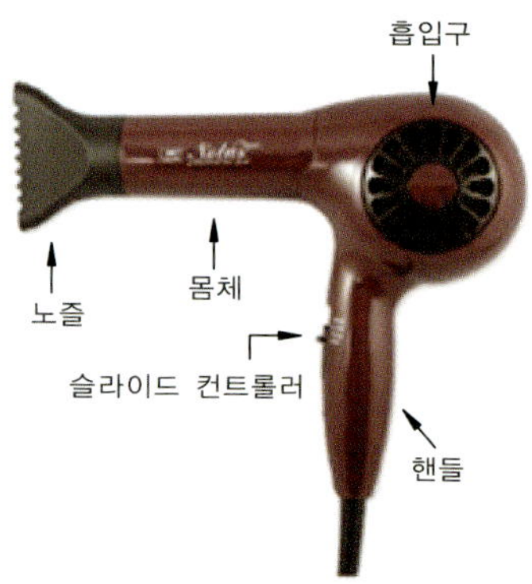

3. 블로우 드라이의 종류 및 도구

1) 블로우 드라이기의 종류

● 노즐 드라이기

노즐로 인해 바람을 한곳에 집중시켜 원하는 스타일을 연출할 수 있는 가장 보편적인 드라이기이다.

● 디퓨저

전체적으로 균일하게 바람을 주어 모발을 말리는 드라이기로 퍼머를 한 모발을 흐트러짐 없이 말리고 간단한 스타일링을 할 수 있다.

● 콤 드라이기

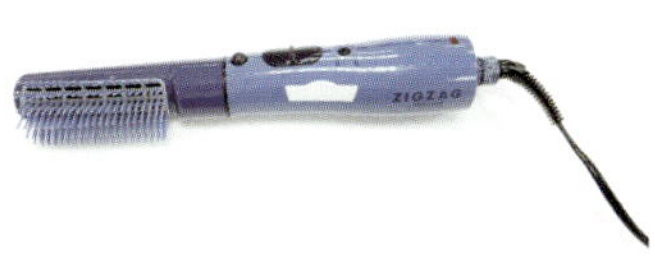

가정용으로 드라이기 입구에 빗을 부착할 수 있어 간단하게 사용할 수 있다.

- 쌍 드라이기

모발을 건조시킬 때 주로 사용하는데 강한 바람으로 모발의 빠른 건조를 할 수 있다.

- 스탠드 드라이기

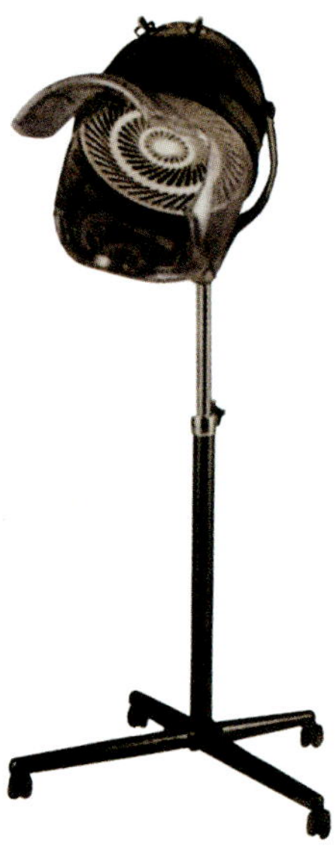

스탠드 형식으로 타임을 정해 놓고 사용할 수 있는데 소음이 심하고 스타일 연출에는 사용하지 않는다.

2) 브러쉬의 종류

● 돈모 롤 브러쉬

돈모로 만들어져 있어 강한 텐션과 회전을 주기는 어려우므로 가는 모발이나 손상모에 주로 사용한다.

● 가시 돈모 롤 브러쉬 (나일론 돈모 롤 브러쉬, 혼합모 롤 브러쉬)

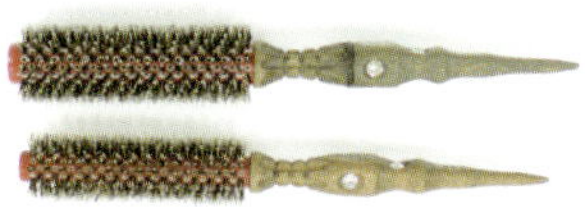

가장 보편적으로 사용하는 브러쉬로 다양한 스타일을 연출하는데 사용된다.
돈모와 나일론 가시가 혼합되어 있어 건강모, 곱슬모, 손상모 등에 사용한다.

● 가시 롤 브러쉬 (나일론 브러쉬)

나일론 가시로만 이루어져 있어 세밀한 작업은 불가능하다. 모근 볼륨을 만들거나 짧은 모발의 스타일링에 주로 사용된다.

● 메탈 롤 브러쉬 (금속성 롤 브러쉬)

몸체가 메탈로 만들어져 열 전도가 빠르고 빗살이 촘촘해 윤기를 더할 수 있다.

- 덴맨 브러쉬

덴맨사에서 만들어진 브러쉬로 열에 강하고 튼튼해 드라이 시에도 종종 사용된다.
간단한 모발의 흐름을 만들 때 사용한다.

- 벤트 브러쉬 (스켈톤 브러쉬)

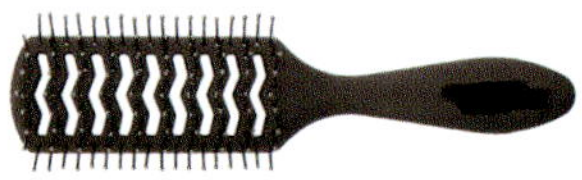

브러쉬의 몸통이 갈비뼈의 형태로 드라이의 바람이 잘 통하여 볼륨감을 주거나 짧은 머리나 단발 머리에 주로 사용한다.

- S자형 브러쉬

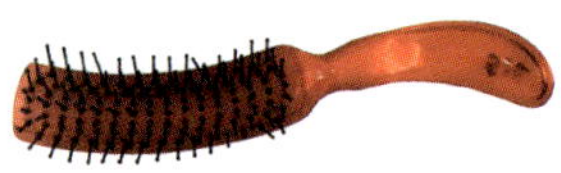

몸통이 S자 형태로 이루어져 손으로 잡기에 편하고 간단한 스타일링 시 사용한다.

- 쿠션 브러쉬

드라이 전 모발을 정리하여 빗질할 때 사용한다.
쿠션으로 되어있어 두피에 큰 자극이 되지 않아 긴 모발에 많이 사용한다.

3) 기타 및 제품

● 분무기

모발에 수분을 공급하는데 사용한다.

● 핀셋

모발을 고정하는데 사용한다.

● 헤어 스프레이

헤어 스타일 완성 후 전체적인 고정을 위해 사용한다. 가스형 스프레이와 액상형 스프레이가 있다.

- 광택 스프레이

모발에 광택을 주기 위해 사용하며 스프레이 형태로 분사하며 고정력은 없다.

- 헤어 왁스

헤어 스타일의 부분적인 고정이나 짧은 모발에 사용한다. 소프트 왁스, 하드 왁스, 스틱 왁스, 검 타입이 있다. 굳지 않아 스타일 변형이 가능하다.

- 헤어 에센스

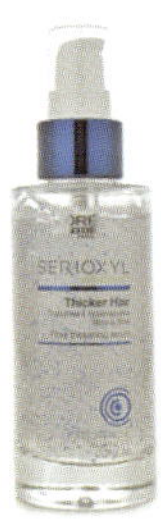

드라이 전 젖은 모발에 사용하여 열로부터 모발을 보호하고 스타일 완성 후 바르면 모발에 윤기를 주고 정전기를 예방한다.

● 투페이스

미스트 형태의 트리트먼트제로 단백질과 수분이 모발 손상을 개선시키고 실리콘 성분이 큐티클을 보호하여 정전기를 예방한다.

● 헤어 무스

충분히 흔들어 분사하며 무스 형태로 사용한다. 짧은 모발이나 남자 머리에 주로 사용하며 굳으면 스타일 변형이 힘들다.

● 헤어 젤

모발의 강한 고정을 위해 사용한다. 젤 형태로 되어 있어 고정을 위한 시간이 필요하고 굳으면 스타일 변형이 힘들다.

4. 드라이 잡는 법

손잡이를 잡는 방법으로 세로 섹션 작업 시 사용한다.

손잡이를 잡는 방법으로 가로 섹션 작업 시 사용한다.

바디를 잡는 방법으로 어깨에 무리를 주지 않는 방법이지만 이동 범위가 한정적이다.

5. 롤 잡는 법

엄지와 검지로 중심을 잡아 준다.
필요시 엄지와 검지를 사용하여 롤을 돌려준다.

나머지 세 손가락은 롤의 손잡이 부분을 가볍게 쥐어준다.

드라이기의 노즐을 모발이 꺾이지 않을 정도의 거리를 두고 롤에 밀착시켜 드라이 한다.

6. 두상에 대한 드라이 노즐 방향

1) 센터

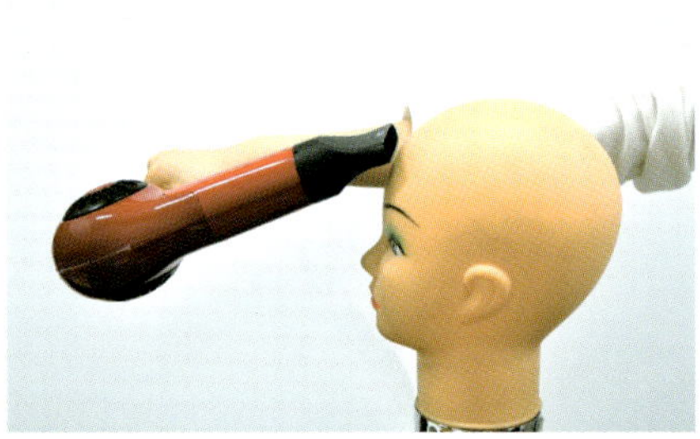

2) 탑

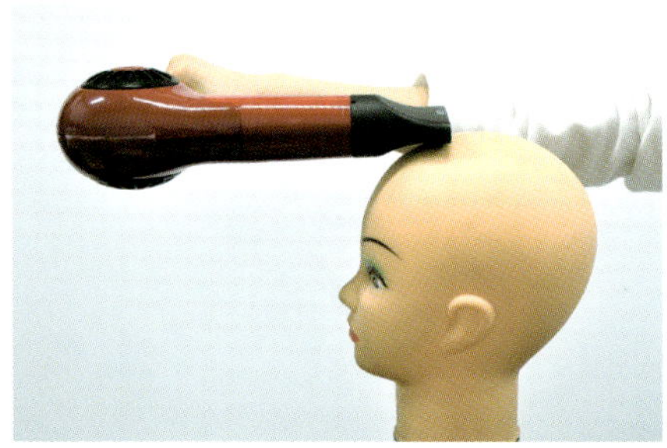

3) 골덴

4) 백

4

5) 네이프

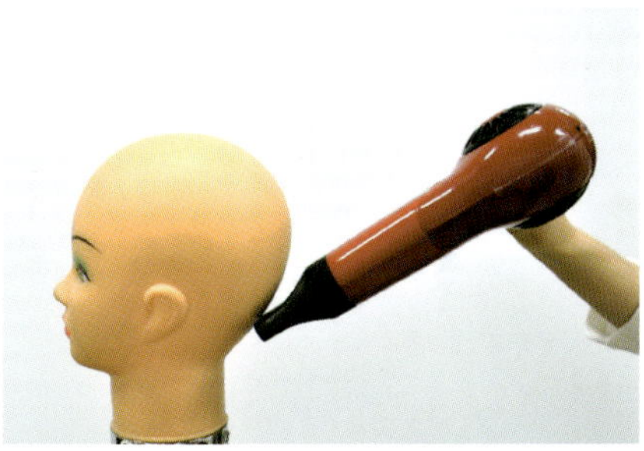

BLOW DRY AND IRON

블로우 드라이 및 아이론

제5강 아이론의 기초이론

5

학습목표_

아이론의 정의 및 목적을 알아본다.

아이론의 원리를 이해한다.

아이론의 장단점을 알아본다.

아이론의 역사를 학습한다.

아이론 시술시 사용되는 도구들을 알아보고 사용법을 익힌다.

1. 아이론의 정의

아이론의 사전적 의미로는 철, 쇠의 뜻을 가지고 있다.

아이론은 블로우 드라이와 마찬가지로 모발의 측쇄 결합인 수소 결합을 구조적으로 변화시키는 원리이다. 120 ~ 200℃ 정도의 고열로 달궈진 프롱과 그루브를 이용해 모발을 압착시켜 원하는 형태의 스타일을 만드는 일시적 세팅을 말한다.

2. 아이론의 목적

① 형태를 보완하여 헤어 스타일의 완성도를 높이는데 목적이 있다.

② 소음과 열풍이 없이 스타일을 완성하는데 목적이 있다.

③ 다양한 형태의 컬과 웨이브를 연출하는데 목적이 있다.

④ 곱슬모나 손상모의 결을 정리하고 윤기를 주는데 목적이 있다.

⑤ 블로우 드라이에 비해 높은 열과 압착력을 이용하여 최대의 윤기와 탄력성을 주는데 목적이 있다.

⑥ 블로우 드라이에 비해 높은 열을 사용하여 형태의 지속력을 높이는데 목적이 있다.

⑦ 블로우 드라이에 비해 높은 열을 사용하여 비교적 빠른 시간 안에 스타일을 완성하는데 목적이 있다.

3. 아이론의 원리 및 온도

아이론은 모발에 고열을 주어 수분을 증발시켜 일시적으로 구조를 변화시키는 기법으로 수분으로 인해 모발의 측쇄 결합 중 수소 결합의 절단과 결합을 이루는 성질을 이용한다.
아이론은 모발에 120~200℃의 고열을 사용해 일시적으로 원하는 스타일을 연출하는 원리를 가지고 있다. 현재 사용되는 아이론들은 온도 조절장치가 있어 모발의 상태에 따라 온도를 조절하여 사용할 수 있어 모발의 손상을 줄일 수 있다.
모발은 120℃에서 모발이 팽화하고 130~150℃에서 모발의 변색이 나타나며 270~300℃가 되면 모발이 타서 분해된다.
건조한 모발은 열에 비교적 강해 180℃ 전후가 적당하고 보편적으로는 120~140℃가 적당하다.

4. 아이론의 장점과 단점

1) 장점

- 모발에 윤기와 탄력성이 높아진다.
- 아이론의 크기에 따라 다양하게 연출 가능하다.
- 스타일이 일시적이지만 오래 유지 가능하다.
- 블로우 드라이에 비해 웨이브 형성력이 강하다.

2) 단점

- 고열로 모발 손상의 위험이 높다.
- 화상의 위험도가 높다.
- 재시술 시 물의 재분무 후 드라이가 필요하다.
- 블로우 드라이보다 완성도가 부자연스럽다.

5. 아이론 주의사항

① 아이론 시술 시 수분을 충분히 말리고 시술한다. 수분이 남아 있으면 수증기에 의한 화상위험이 있다.

② 아이론의 열이 모발에 전달되는 시간을 충분히 줘야 한다.

③ 모발에 전달된 아이론의 열이 식는 시간을 충분히 줘야 한다.

④ 적절한 베이스의 두께를 떠서 뿌리가 꺾이지 않고 열이 골고루 전달되게 한다.

⑤ 아이론의 지나친 열에 의한 모발 손상과 두피 화상을 주의한다.

⑥ 사용 후 보관 시 남아 있는 열판의 열에 의해 전선이 녹지 않도록 주의한다.

⑦ 보관 시 습기가 많은 곳은 피하고 젖은 손으로 사용하지 않는다.

⑧ 드라이기의 전선을 당겨서 뽑거나 꺾이게 보관하면 누전의 위험이 높다.

6. 아이론의 역사

1870년 경 프랑스에서 마르셀 그라또(Marcel Grateau)가 화열식의 마셀 아이론을 개발하였다. 단발 머리와 함께 마셀 웨이브가 유행하였다.

1980년 이후 전열식인 아이론이 개발되어 사용하였다.

1990년 플랫(flat) 형태의 아이론이 보급되어 스트레이트 퍼머넌트의 유행이 시작되었다.

2000년 다양한 형태의 아이론이 등장하였으며 모발의 상태나 연출할 스타일에 맞게 온도를 조절하는 기능이 있어 편리하게 아이론이 사용되고 있다.

마르셀 그라또

7. 원형 아이론의 명칭

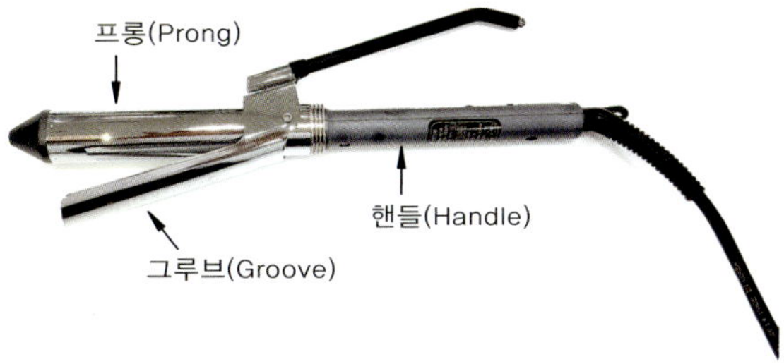

8. 아이론의 종류 및 도구

1) 전열식 아이론

● 플랫 아이론 (스트레이트 아이론)

열판이 납작한 형태로 스트레이트 형태를 만들 때 주로 사용되고 인컬, 아웃컬, 다양한 웨이브 형태도 가능하다.

● 반원형 아이론 (볼륨 아이론)

모근 볼륨을 만들 때 주로 사용하고 강한 웨이브를 연출할 때도 사용한다.

● 트라이앵글 아이론 (삼각 볼륨 아이론)

반원형 아이론과 비슷한 형태이지만 열판이 삼각형으로 더 강한 볼륨을 만들 때 사용한다. 그러나 모발에 자국이 남기 쉬우므로 주의한다.

● 원형 아이론

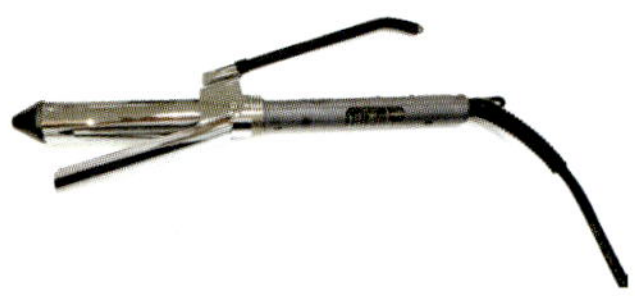

가열방법이 화열식인 마셀 아이론과 비슷한 형태로 다양한 굵기가 존재한다. 현재는 전열식으로 사용한다.

● 열펌 아이론

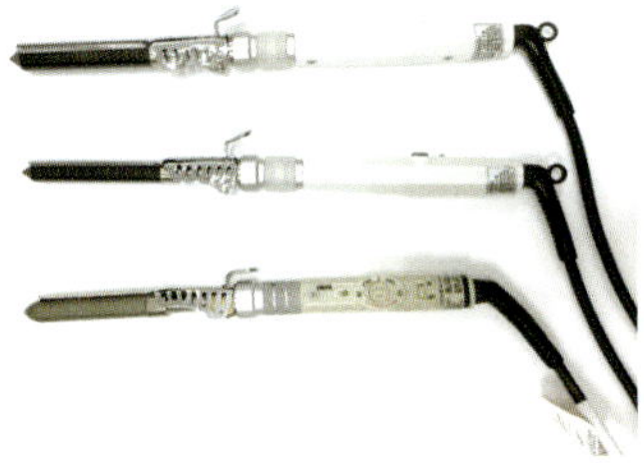

높은 열을 이용한 퍼머넌트 웨이브를 시술할 때 사용하는 열펌 전용 아이론이다.

● 가스 아이론

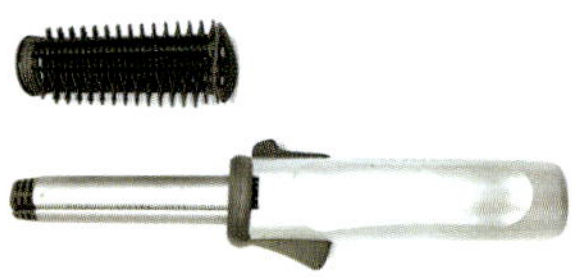

전기가 필요하지 않고 가스를 이용해 열을 내는 아이론으로 휴대가 가능하다.

● 물결 웨이브 아이론

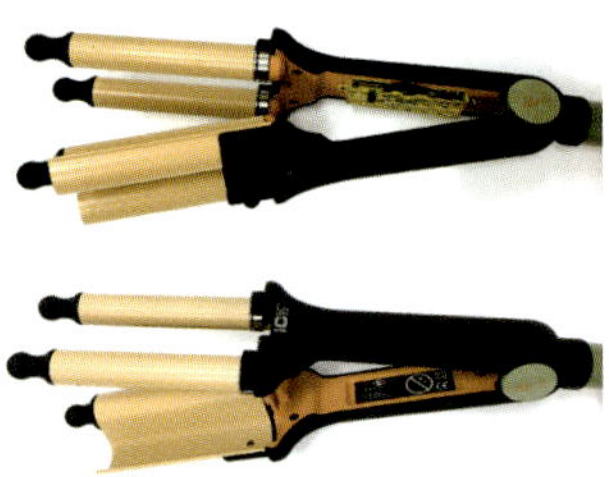

흐르는 물결 웨이브를 연출하는 아이론이다.

● 다이렉트 아이론

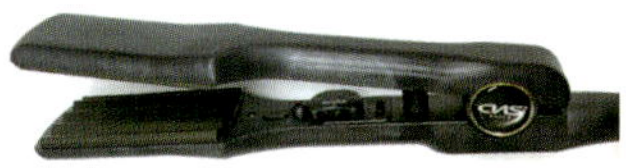

열판이 스트레이트 아이론과는 달리 지그재그 모양을 하고 있다.
볼륨을 줄 때 사용하거나 펑키한 스타일을 연출할 때 사용한다.

● 무선 아이론

플랫 아이론으로 전기 선이 없어 사용 시 편리하며 충전을 하여 사용한다.

2) 화열식 아이론

● 마셀 아이론

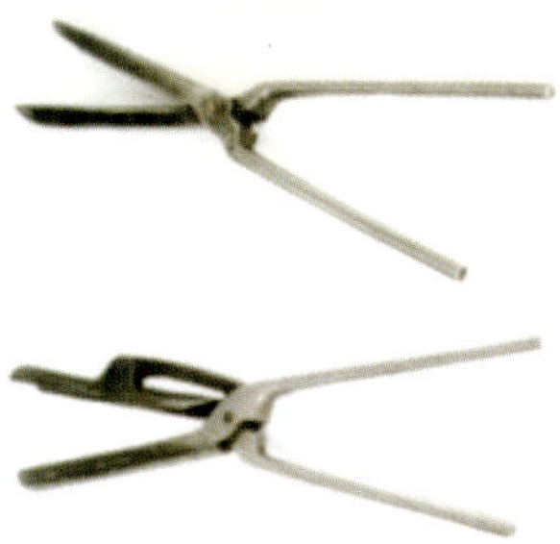

아이론의 시초라 할 수 있다.
마셀 그라또(Marcel Grateau)에 의해 개발되었으며 그루브와, 프롱, 손잡이로 구성되어 있다.

3) 기타

● 꼬리빗(덕테일 콤)

아이론 사용 시 사용되며 섹션을 뜨고 모발을 정리하는데 사용한다. 그러나 아이론 시술 시 고열을 사용하므로 녹을 위험성이 있다.

● 열퍼머 꼬리빗

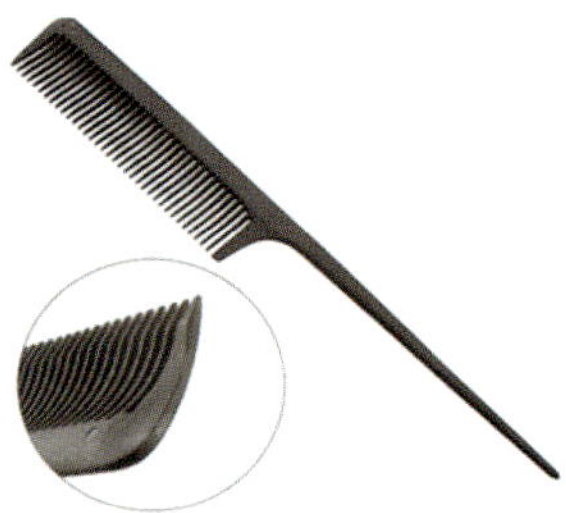

재질이 열에 강하여 아이론의 뜨거운 열에도 녹지 않는다. 모양은 아이론 시술이 용이하도록 하기 위해 약간의 아치형태를 가지고 있다.

9. 아이론 잡는 법

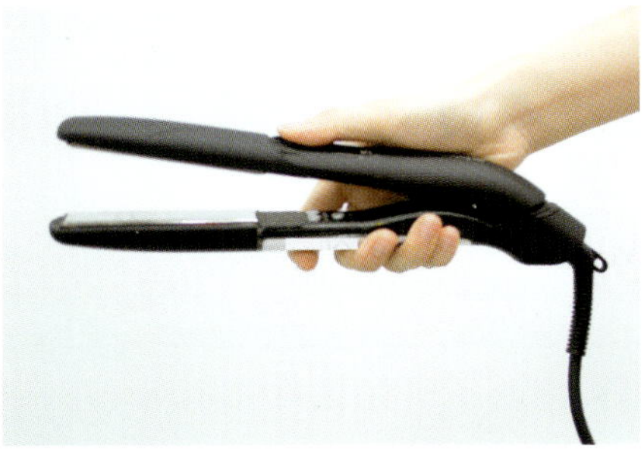

엄지와 검지를 중심으로 잡고 나머지 손가락은 가볍게 쥐어준다.

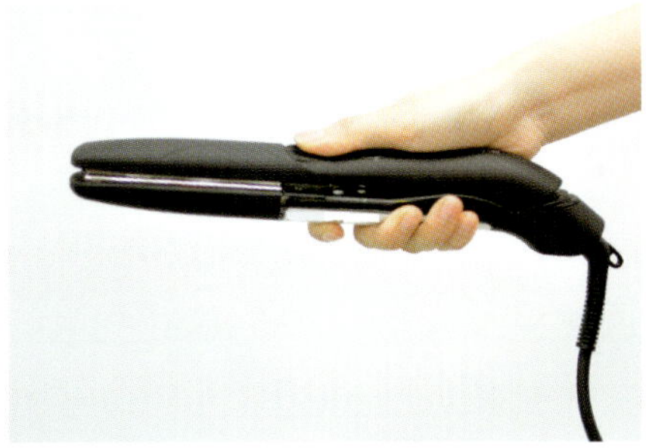

모발에 열을 전달하기 위해 엄지와 검지에 힘을 주어 아이론을 집어준다.

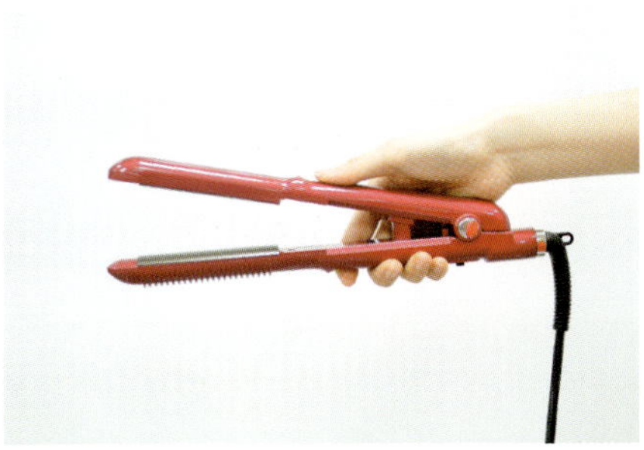

스트레이트 아이론과 잡는 법은 동일하다.

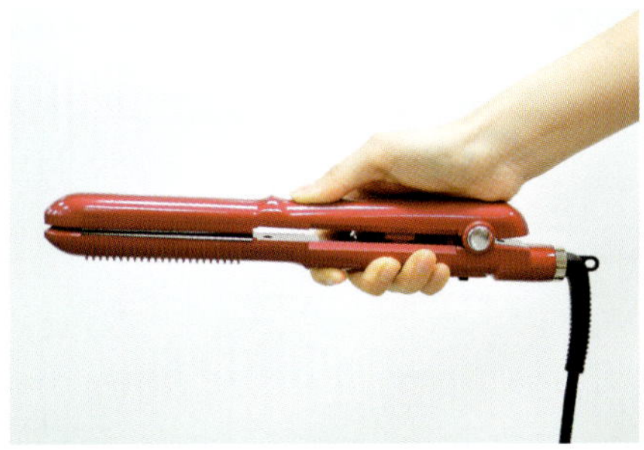

스트레이트 아이론과 잡는 법은 동일하나 열판에 굴곡이 있어 모발에 자국이 남지 않도록 주의한다.

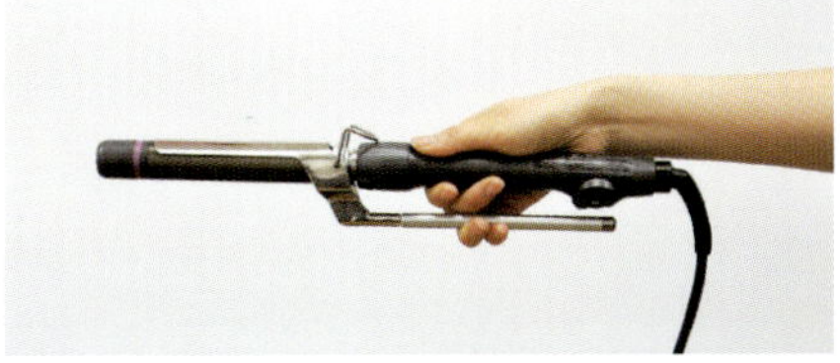

플랫 아이론과는 다르게 자유롭게 개폐가 가능하다.

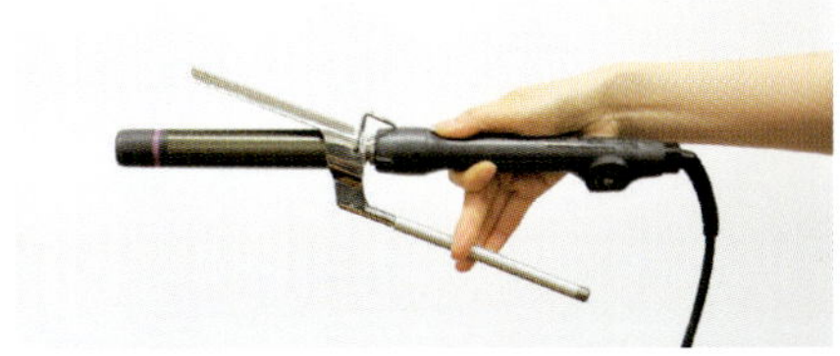

열판이 원형이기 때문에 모발에 자국이 남지 않도록 주의한다.

BLOW DRY AND IRON

블로우 드라이 및 아이론

제6강

블로우 드라이 테크닉 1 (스트레이트 기법 디자인의 이해)

6

학습목표_

롱 헤어에 드라이를 실습한다.
롤과 드라이 노즐의 각도에 주의하며 스트레이트를 연출한다.
드라이의 적절한 속도를 유지하여 모발의 윤기를 확인한다.

스트레이트 기법

긴 기장의 헤어를 드라이기를 사용해 모발 끝까지 스트레이트를 만들어주는 스타일이다. 가장 깔끔하고 단정한 스타일을 연출할 수 있다. 뿌리에서 모발 끝까지 드라이의 열을 골고루 천천히 전달하여 준다. 아이론에 비해 모발의 윤기가 떨어지지만 자연스러운 볼륨을 형성할 수 있다.

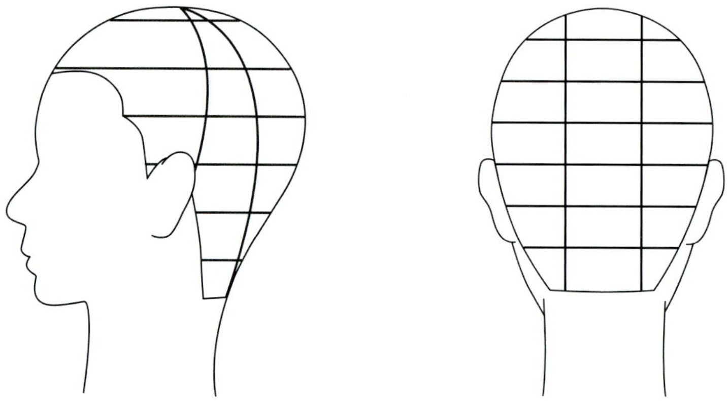

파 팅

KEY POINT
• 모발의 기장이 길기 때문에 섹션을 두껍게 하지 않는다. • 모발의 윤기를 위해 드라이와 빗의 속도를 천천히 한다. • 모발 끝까지 마무리하여 모발이 꺾이지 않도록 한다. • 드라이 롤 브러쉬 선택 시 너무 가늘지 않은 것으로 시술하도록 한다.

완성 앞

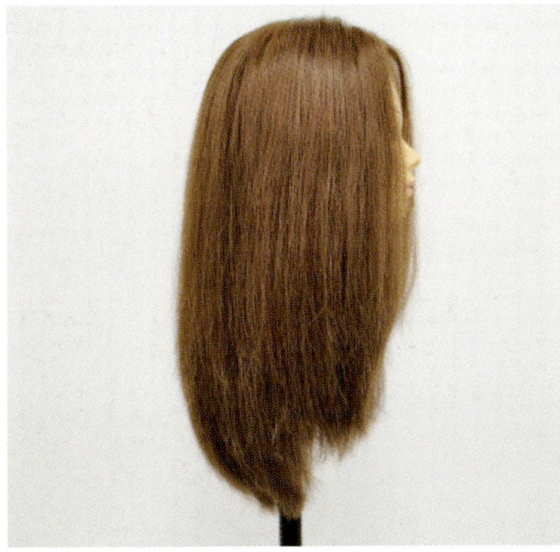

완성 우

완성 좌

완성 뒤

섹션 앞

섹션 우

섹션 좌

섹션 뒤

시술 전 앞

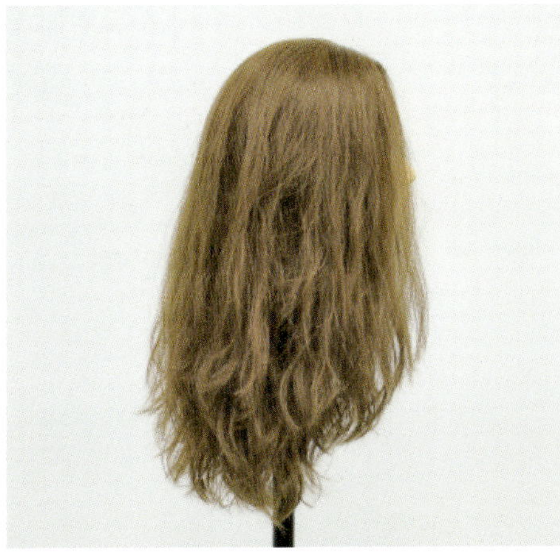
시술 전 우

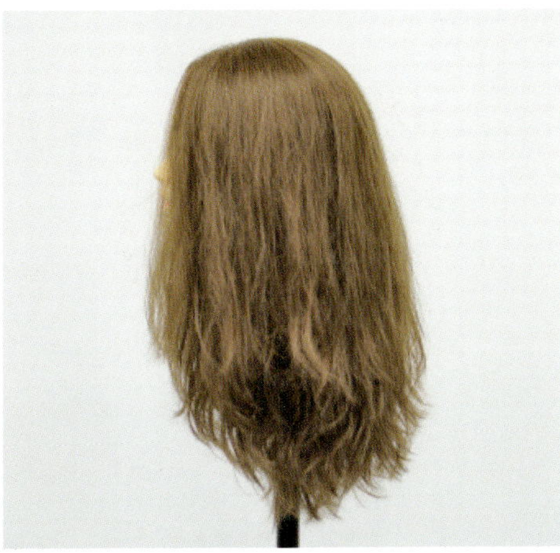
시술 전 좌

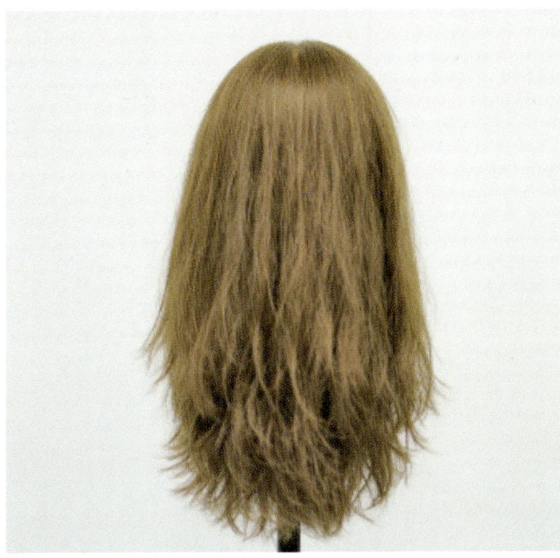
시술 전 뒤

1 네이프 센터를 시작으로 하여 드라이 시작한다.

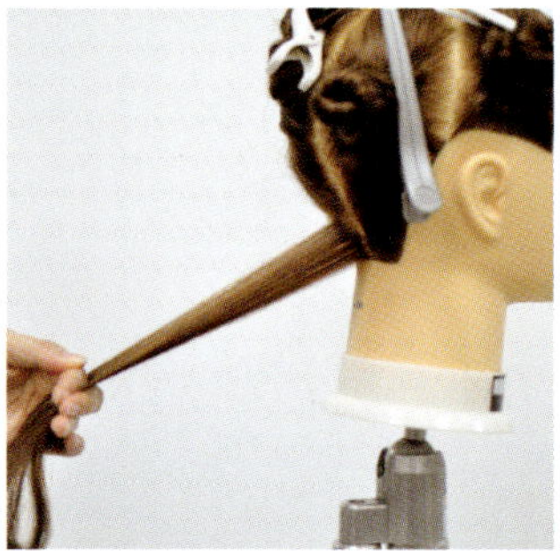

2 드라이 롤의 지름만큼 파팅한다.

3 드라이 입구를 롤과 직각에 가깝게 하여 시술자방향으로 바람이 올 수 있게 드라이 한다.

4 천천히 뜸을 들이며 진행한다. 이때 손목과 손가락에 회전을 주면 모발에 적당한 텐션이 가해져 윤기 있는 드라이가 완성된다.

5 머리끝에서 롤에 말리지 않게 주의하며 마무리한다.

6 블로우 드라이 스트레이트가 완성된 모양

7 같은 방법으로 계속 진행하여 볼륨이 필요한 백포인트에서는 파팅의 각도를 들어 뿌리부분에 볼륨을 줄 수 있도록 한다.

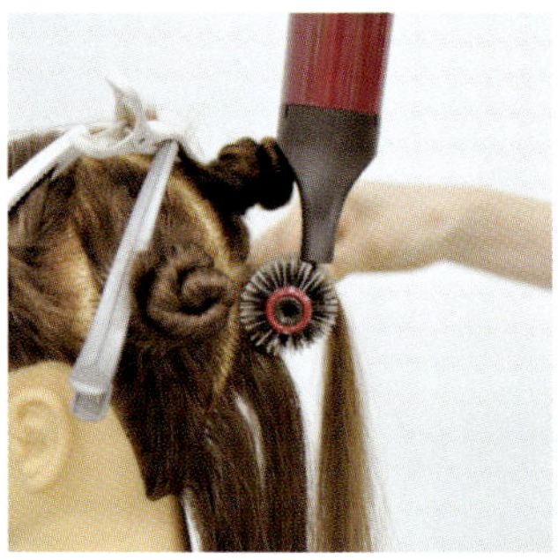

8 뿌리부분을 오프 더 베이스로 하여 진행한다.

9 드라이롤을 회전하며 천천히 진행한다.

10 모발 끝이 롤에 말리지 않게 주의하며 끝까지 마무리 한다.

11 백부분 스트레이트 완성 뒷모습

12 백부분 스트레이트 완성 옆모습

13 볼륨이 가장 많이 필요한 탑 부분에서는 파팅의 각도를 주의한다.

14 최대의 볼륨을 살릴 수 있는 온 더 베이스로 120° 이상 유지하며 열을 준다.

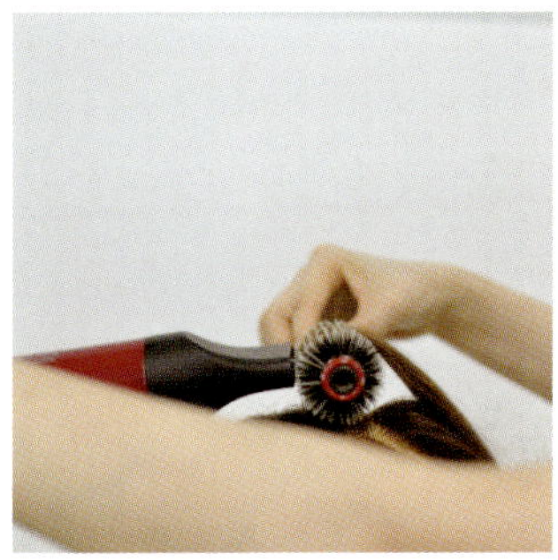

15 뜸을 주며 천천히 드라이 한다.

16 볼륨이 연결될 수 있도록 포물선을 그려주며 진행한다.

17 텐션과 회전을 이용하여 적당한 윤기가 있는 드라이가 되도록 한다.

18 이후 방법은 앞의 드라이 방법과 동일하게 진행한다.

19 모발 끝이 롤에 말리지 않게 주의하며 끝까지 마무리한다.

20 백부분 가운데 섹션 스트레이트 완성 뒷모습

21 백부분 가운데 섹션 스트레이트 완성 옆모습

22 백사이드 부분도 같은 방법으로 진행한다.

23 뿌리 부분이 돌아가지 않도록 주의하며 진행한다.

24 뜸을 들이며 윤기있게 마무리 한다.

25 모발 끝이 롤에 말리지 않게 주의하며 진행한다.

26 백사이드 부분 스트레이트 완성모습

27 백부분 전체 스트레이트 완성모습

28 사이드 부분도 같은 방법으로 드라이 한다.

29 볼륨에 주의하며 진행한다.

30 볼륨이 연결될 수 있도록 포물선을 그려주며 진행한다.

31 모발 끝이 롤에 말리지 않게 주의하며 끝까지 마무리 한다.

32 백부분 모발과 연결이 잘되었는지 확인하며 시술한다.

33 프론트 부분은 볼륨이 많이 필요하므로 각도에 주의한다.

34 베이스 각도를 120° 이상 주어 뿌리볼륨을 살려준다.

35 볼륨이 연결될 수 있도록 포물선을 그려주며 진행한다.

36 뜸을 들이며 윤기있게 마무리 한다.

37 모발 끝이 롤에 말리지 않게 주의하며 끝까지 마무리 한다.

38 사이드 스트레이트 완성모습. 반대편도 동일하게 시술한다.

디자인 실습					
주 제					
반		학 번		성 명	
디자인 이미지					

섹션		
	앞	우
	좌	뒤
파팅	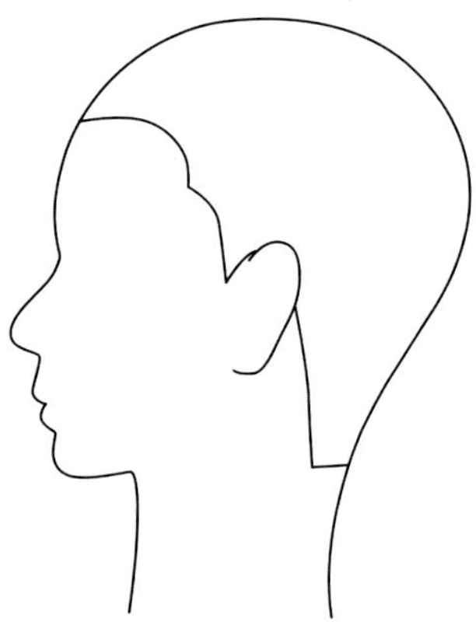	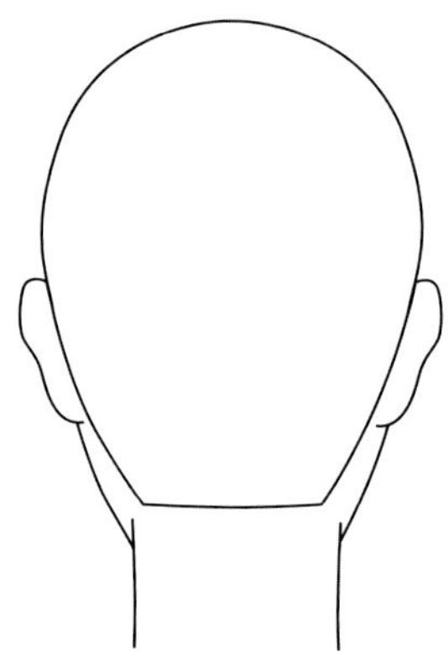

<table>
<tr><td rowspan="4">완성</td><td></td><td></td></tr>
<tr><td>앞</td><td>우</td></tr>
<tr><td></td><td></td></tr>
<tr><td>좌</td><td>뒤</td></tr>
<tr><td>설명</td><td colspan="2"></td></tr>
</table>

BLOW DRY AND IRON

블로우 드라이 및 아이론

7

제7강
중간고사

학습목표_
예상문제를 풀어보고 중간고사를 대비한다.

예상문제

1 모발의 80~90%를 차지하고 피질세포와 간충물질로 구성되어 있으며 멜라닌 세포를 함유하고 있는 층은 무엇인가?

① 모표피 ② 모피질 ③ 모수질 ④ 모근부

2 모발의 중심부로 벌집 모양의 세포가 나열되어 있고 공기를 함유하고 있으며 모발의 보온에 관련되어 있는 층은 무엇인가?

① 모표피 ② 모피질 ③ 모수질 ④ 모근부

3 다음이 설명하는 것은 무엇인가?

세포분열이 시작되는 곳으로 모세혈관과 자율신경이 분포되어 있으며 영양분과 산소를 운반한다.

4 다음 중 설명이 틀린 것을 고르시오.

① 모낭 – 모근을 싸고 있는 내 · 외층 피막으로 된 작은 주머니이다.
② 모유두 – 모낭 옆에 자리하고 있어 피지를 분비시켜 모발과 두피의 윤기 및 보호 역할을 해준다.
③ 모구 – 모구 밑의 둥근 부분으로 모유두와 연결되어 있다.
④ 모모세포 – 모유두로부터 영양을 공급받아 세포분열과 증식이 이루어지면서 각화되어 위로 밀려 올라간다.

5 모발은 유전적 영향과 인종에 따라 형상이 다른데 모발의 단면에 따라 구분된다. 그 중 피부표면으로부터 비스듬히 자라난 형태의 모발로 단면이 타원형으로 웨이브가 있으며 주로 백인종에게 나타나는 것은 무엇인가?

① 직모 ② 파상모 ③ 축모 ④ 편모

6 다음 빈칸을 채우시오.

블로우 드라이는 드라이기의 (   )과 (   )을 이용하여 모발을 구조적으로 변화시켜 원하는 헤어 스타일을 연출하는 (   )로, 가장 기본적이면서 가장 완성도가 높은 시술 기법이다.

7 다음 중 드라이의 목적이 아닌 것은 무엇인가?

① 샴푸 후 젖은 모발을 건조 시키는데 목적이 있다.

② 커트, 퍼머, 염색 등의 시술 후 부족한 부분을 보완하여 헤어스타일의 완성도를 높이기 위한 목적이 있다.

③ 빠른시간 내에 머릿결을 정돈하고 헤어 스타일을 연출하기 위한 목적이 있다.

④ 모발에 영구적인 웨이브를 형성하는데 목적이 있다.

8 모발이 물에 젖으면 모발 내의 결합이 일시적으로 끊어졌다가 수분이 증발하면 끊어졌던 결합이 다시 결합을 하게 된다. 이처럼 모발은 수분에 의해 절단과 결합을 반복하게 되는데 이는 모발의 결합 중 어떤 결합을 말하는가?

9 다음 빈칸을 채우시오.

블로우 드라이는 드라이기의 (   ) ~ (   )의 높은 열을 사용하여 모발의 구조에 변화를 주기 때문에 각별한 주의가 필요하다.

10 다음 빈칸을 채우시오.

블로우 드라이 시 모발의 함수율이 높을 때는 저온에서도 모발의 구조가 변하기 때문에 드라이 전에 반드시 (   )를 충분히 해줘야 한다.

예상문제

11 블로우 드라이 시 드라이 열에 의해 모발의 성질이 변하고 손상이 시작되는 온도는 몇도인가?

① 70℃ ② 100℃ ③ 130℃ ④ 190℃

12 다음 빈칸에 알맞은 것은?

모발은 약 ( ) 정도의 수분을 함유하고 있다. 드라이 시술 시 수분 함량은 중요한 역할을 하기 때문에 모발의 손상 정도에 따라 수분 함유량을 다르게 해야한다.

① 10~25% ② 10~20% ③ 10~15% ④ 10%

13 블로우 드라이 시 모발의 상태가 손상모일 때 시술 전 모발의 수분함량으로 맞는 것은?

① 모근-10%, 모간-25%, 모선-40%
② 모근-10%, 모간-35%, 모선-50%
③ 모근-10%, 모간-15%, 모선-30%
④ 모근-10%, 모간-35%, 모선-40%

14 블로우 드라이 시 볼륨이 불필요한 부분이나 모발 숱이 많아 다운시킬 때 용이하며 네이프에 사용되는 각도는 몇도인가?

① 45° ② 90° ③ 100° ④ 120°

15 두상은 둥근 형태를 하고 있기 때문에 모발의 각도는 매우 중요한 요소 중 하나이다. 가장 기본적으로 자연스러운 볼륨을 형성할 수 있는 각도는 몇도인가?

① 45° ② 90° ③ 100° ④ 120°

16 블로우 드라이 시 가장 큰 볼륨을 줄 때나 머리숱이 없을 때 사용하는 각도로 모선 끝의 방향성이 없는 특징을 갖는 각도는 몇도인가?

① 45˚　　② 90˚　　③ 100˚　　④ 120˚

17 이것은 블로우 드라이 요소 중 하나로 시술 시 사용하는 브러쉬가 모발을 잡아 당기는 힘을 말한다. 윤기있는 모발을 만들기 위해서는 모발 전체에 고르게 이것이 주어진 상태에서 롤의 회전이 되어야 한다. 이것이 고르게 들어가지 않으면 모발이 롤에 엉키게 되고 모발이 손상될 수 있다. 이것은 무엇인가?

18 이것은 블로우 드라이 요소 중 하나로 모발의 윤기와 매끈함을 결정짓게 한다. 이것이 과도하게 되면 모발과 빗의 무리한 마찰로 인해 모발을 건조하게 하여 손상 및 정전기를 발생 시킨다. 이것은 무엇인가?

19 블로우 드라이의 요소를 모두 쓰시오.

20 다음 빈칸을 채우시오.

1960년대 중반 프랑스에서 블로우 드라이가 시작되었는데 처음에는 (　　　　　　) 이라 불리면서 사용되었다. 여성들의 사회적 진출로 인해 헤어스타일의 쉽고 빠른 손질을 위해 유용했다.

예상문제

21 블로우 드라이 시 전체적으로 균일하게 바람을 주어 모발을 말리는 도구로 퍼머를 한 모발을 흐트러짐 없이 말리고 간단한 스타일링을 할 수 있게 드라이 노즐에 끼워 사용하는 도구는 무엇인가?

22 블로우 드라이 시 가장 보편적으로 사용하는 브러쉬로 다양한 스타일을 연출하는데 사용된다. 돈모와 나일론 가시가 혼합되어 있어 건강모, 곱슬모, 손상모 등에 사용하는 것은 무엇인가?

① 돈모 롤 브러쉬 ② 가시 돈모 롤 브러쉬
③ 가시 롤 브러쉬 ④ 메탈 롤 브러쉬

23 브러쉬 중 열에 강하고 튼튼하여 블로우 드라이 시 종종 사용되는데 간단한 모발의 흐름을 만들 때 유용하며 명칭이 제조회사명과 같은 브러쉬는 무엇인가?

① 덴맨 브러쉬 ② 벤트 브러쉬 ③ S자형 브러쉬 ④ 쿠션 브러쉬

24 아이론은 모발의 결합 중 어떤 결합을 변화시켜 헤어 연출을 하는 시술인가?

① 펩티드 결합 ② 폴리 펩티드 결합 ③ 시스틴 결합 ④ 수소 결합

25 다음 빈칸을 채우시오.

아이론은 ( ) ~ ( ) 정도의 고열을 사용해 모발을 압착시켜 원하는 형태의 스타일을 만드는 일시적 세팅을 말한다.

26 다음 빈칸에 알맞은 것을 고르시오.

아이론은 (　　), (　　), (　　)로 이루어져 있어 적당량의 모발을 압착시켜 원하는 형태의 헤어 스타일을 만들어낸다.

① 프롱, 그루브, 핸들　　② 노즐, 그루브, 핸들
③ 컬, 그루브, 핸들　　④ 마셀, 그루브, 핸들

27 아이론의 목적 중 틀린 것은?

① 형태를 보완하여 헤어 스타일의 완성도를 높이는데 목적이 있다.
② 소음과 열풍이 없이 스타일을 완성하는데 목적이 있다.
③ 블로우 드라이에 비해 높은 열을 사용하여 형태의 지속력을 높이는데 목적이 있다.
④ 블로우 드라이에 비해 낮은 열을 사용하여 비교적 빠른 시간 안에 스타일을 완성하는데 목적이 있다.

28 현재 사용되고 있는 아이론들은 온도 조절장치가 있어 모발의 상태에 따라 온도를 조절하여 사용할 수 있어 모발의 손상을 줄일 수 있다. 모발이 팽화하기 시작하는 온도는 몇도인가?

① 120℃　　② 140℃　　③ 180℃　　④ 270℃

29 다음 중 아이론의 장점이 아닌 것은?

① 모발에 윤기와 탄력성이 높아진다.
② 아이론의 크기에 따라 다양하게 연출 가능하다.
③ 스타일이 일시적이지만 오래 유지 가능하다.
④ 웨이브만 연출이 가능하다.

예상문제

30 다음 중 아이론의 단점이 아닌 것은?

① 블로우 드라이보다 완성도가 부자연스럽다.

② 고열로 모발 손상의 위험이 높다.

③ 높은 열을 사용할 수 있다.

④ 재시술 시 물의 재분무 후 드라이가 필요하다.

31 1870년 화열식의 마셀 아이론을 개발하여 마셀 웨이브를 유행시킨 인물은 누구인가?

32 1990년 플랫(flat) 형태의 아이론이 보급되어 어떤 형태의 퍼머넌트가 유행이 되었나?

33 아이론의 시초인 마셀 아이론은 불에 직접 가열하여 온도를 조절하는 방식으로 화열식 아이론이라 불렸다. 현재는 전기를 통해 온도를 조절하여 사용되고 있는데 이를 어떤 아이론이라 하는가?

34 아이론 중 모근 볼륨을 만들 때 주로 사용하고 강한 웨이브를 연출할 때도 사용하는 아이론은 무엇인가?

35 1870년 마셀 그라또에 의해 만들어진 아이론으로 불에 직접 가하여 온도를 조절해 사용하는 화열식 아이론으로 마셀 웨이브를 유행시킨 이 아이론은 무엇인가?

36 아이론 시술시 자주 사용되는 빗으로 섹셔닝을 하고, 머릿결을 가지런히 정리하는데 사용되며일반적으로 플라스틱 재질이 많고 외에도 열에 강한 재질로 만들어진 종류도 있다. 이것은 우슨 빗인가?

37 얼굴형 중 많은 전문가들이 가장 이상적인인 얼굴형이라고 말하며 어떤 헤어 스타일도 무난하게 소화해 내는 얼굴형은 무엇인가?

38 다음이 설명하는 열굴형은 무엇인가?

직선의 헤어라인과 직선의 턱선을 가지고 있고 연출법은 열굴 양옆에 층을 내주고 웨이브나 컬을 넣어 딱딱함을 분산 시켜 부드러움을 더한다. 가르마는 센터보다는 사이드가 낫고 앞머리는 일자형태를 피하도록 한다.

① 직사각형 ② 사각형 ③ 마름모형 ④ 역삼각형

예상문제

39 다음이 설명하는 열굴형은 무엇인가?

높은 이마와 긴 턱을 가지고 있다. 가르마는 센터보다 사이드가 좋으나 길게 타지 않는 것이 더 중요하다. 이유는 자칫 얼굴 길이가 더 부각되어 보일 수 있기 때문이다. 앞머리는 눈썹보다 길게 내어 연출하여 주는 것이 좋다.

① 직사각형 ② 사각형 ③ 마름모형 ④ 역삼각형

40 마름모형의 연출법에 맞는 것은?

① 볼 쪽에 컬을 연출하여 볼륨을 주어 풍성한 느낌을 만든다.
② 어떤 헤어 스타일도 무난하게 소화해 낸다.
③ 앞머리를 내릴 경우 눈썹보다 위로 올라갈수록 얼굴이 길어보이는 효과를 줄 수 있다.
④ 이마와 턱 쪽에 볼륨울 주어 풍성한 느낌을 연출하며 광대는 자연스럽게 가려준다.

41 헤어 파트 중 모류의 자연스러운 흐름 그대로 헤어스타일을 연출하는 파트는 무엇인가?

① 노파트 ② 센터 파트 ③ 사이드 파트 ④ 라운드 사이드 파트

42 헤어 파트 중 사이드 파트에서 직선이 아닌 라운드 라인으로 굴려 가르마를 타서 좀 더 부드러운 느낌을 연출할 수 있는 파트는 무엇인가?

① 노파트 ② 센터 파트 ③ 사이드 파트 ④ 라운드 사이드 파트

BLOW DRY AND IRON

블로우 드라이 및 아이론

8

제8강
블로우 드라이 테크닉 2 (헤어스타일에 따른) 인컬(C컬) 기법 디자인의 이해

학습목표_

롱 헤어에 드라이를 실습한다.
롤과 드라이 노즐의 각도에 주의하며 인 컬을 연출한다.
드라이의 적절한 속도를 유지하여 모발의 윤기를 확인한다.

인컬 기법(Long)

긴 기장의 헤어로 모발 끝을 안쪽으로 향하게 하는 차분한 스타일이다. 깔끔하고 자연스러운 스타일을 연출할 수 있다. 긴 모발로 인해 무게가 있어 볼륨에 큰 비중을 두지 않고 모발의 깔끔한 결 정리와 모발 끝 안쪽 말음의 크기에 중점을 둔다.

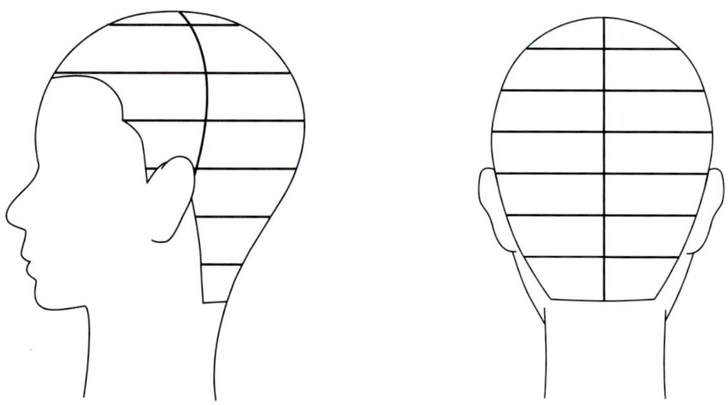

파 팅

KEY POINT
• 모발의 기장이 길기 때문에 섹션을 두껍게 하지 않는다. • 모발의 윤기를 위해 드라이와 빗의 속도를 천천히 한다. • 모발 끝에서 안말음 할 때 모발이 꺾이지 않도록 주의한다.

완성 앞

완성 우

완성 좌

완성 뒤

섹션 앞

섹션 우

섹션 좌

섹션 뒤

시술 전 앞

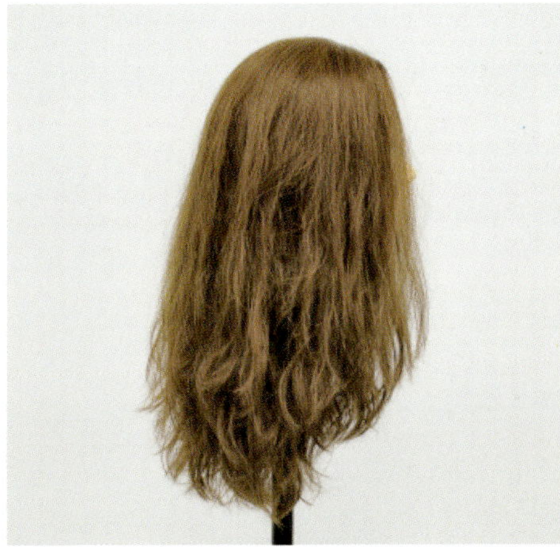
시술 전 우

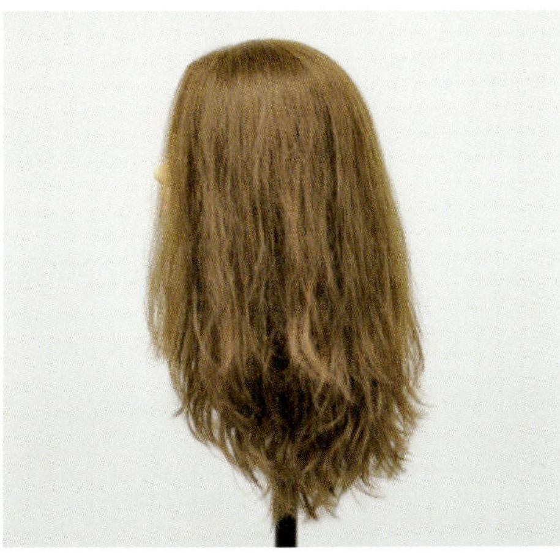
시술 전 좌

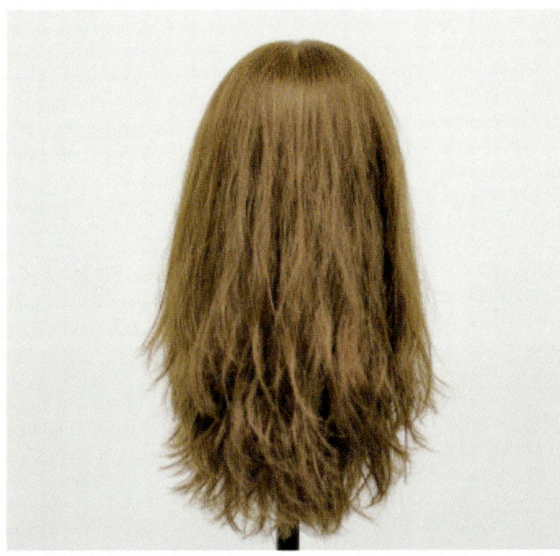
시술 전 뒤

1 네이프 오른쪽을 시작으로 하여 드라이 시작한다.

2 드라이롤의 지름만큼 파팅한다.

3 드라이 입구를 롤과 직각에 가깝게 하여 시술자 방향으로 바람이 올 수 있게 드라이 한다.

4 천천히 뜸을 들이며 진행한다. 이때 손목과 손가락에 회전을 주면 모발에 적당한 텐션이 가해져 윤기 있는 드라이가 완성된다.

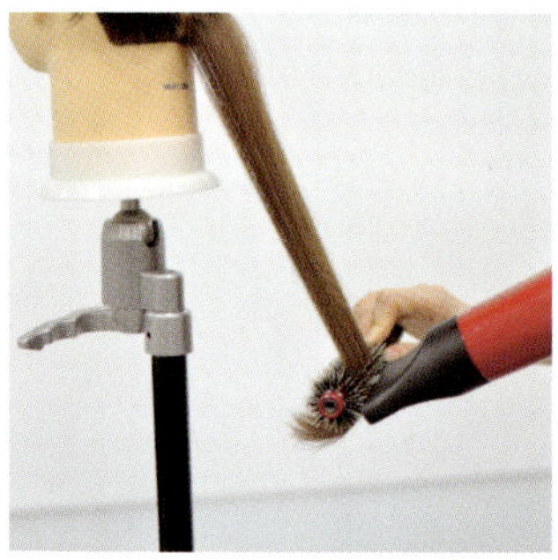

5 머리끝에서 손목의 회전과 손가락회전을 이용하여 롤에 머리끝을 말아준다.

6 드라이 열이 식으면 롤을 빼준다.

7 블로우 드라이 인컬이 완성된 뒷모습

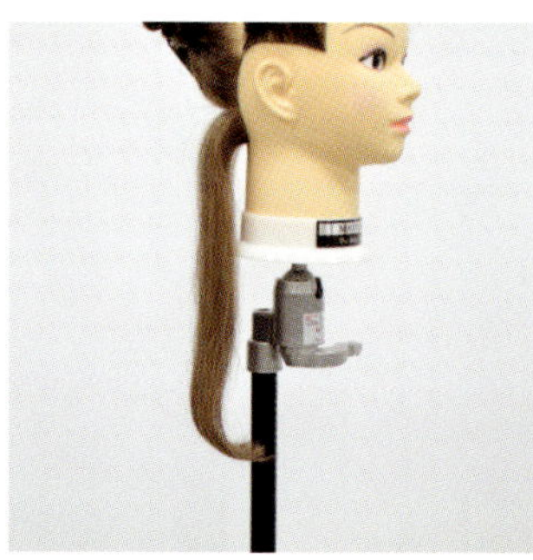

8 블로우 드라이 인컬이 완성된 옆모습

9 탑 부분까지 같은 방법으로 계속 진행하여 볼륨이 필요한 탑 부분에서는 섹션의 각도를 120° 이상 주어 드라이 한다.

10 뿌리부분을 온 더 베이스로 하여 볼륨을 살려준다.

11 뜸을 주며 천천히 드라이한다.

12 볼륨이 연결될 수 있도록 포물선을 그려주며 진행한다.

13 텐션과 회전을 이용하여 적당한 윤기가 있는 드라이가 되도록 한다.

14 모발 끝에 텐션을 주어 인컬로 말아준다.

15 드라이 열이 식을 때까지 뜸을 들여준다.

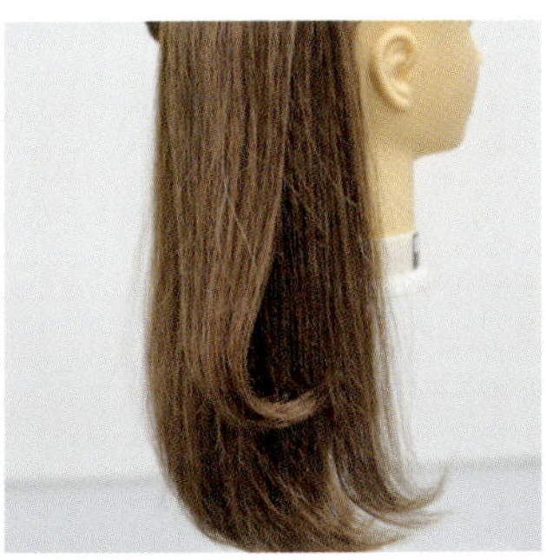

16 모발의 열이 식으면 롤을 빼준다.

17 오른쪽 백사이드 인컬 완성 모습

18 왼쪽 백사이드도 같은 방법으로 진행한다.

19 드라이 롤의 지름만큼 섹셔닝 한다.

20 천천히 뜸을 들이며 진행한다.

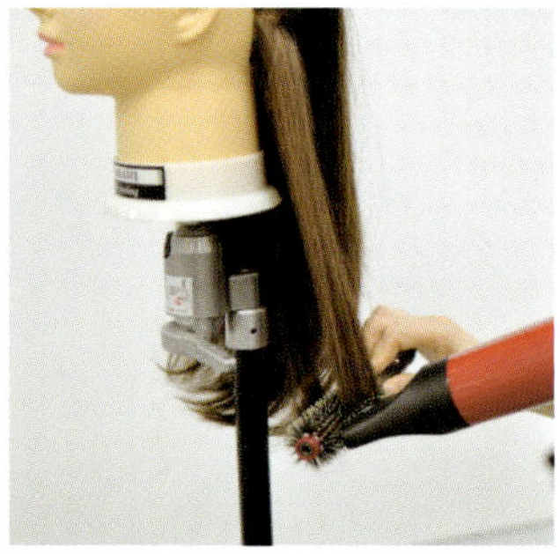

21 모발 끝에서 텐션과 회전을 이용하여 인컬로 말아준다.

22 드라이 열이 식을 때까지 뜸을 들여준다.

23 모발의 열이 식으면 롤을 빼준다.

24 탑 부분에 중간이 갈라지지 않도록 오른쪽과 왼쪽의 탑 부분을 함께 드라이한다.

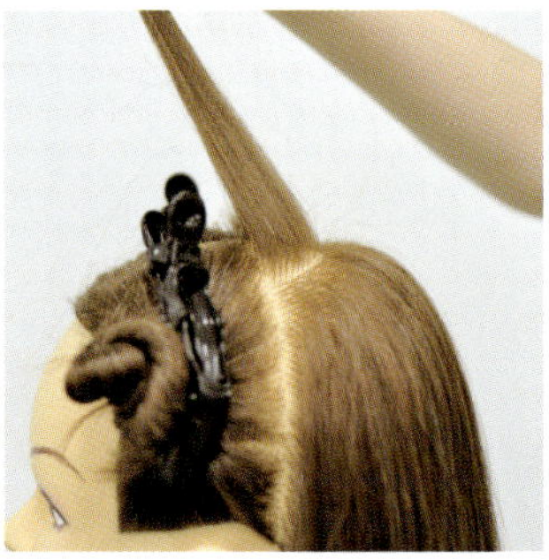

25 드라이 롤의 지름만큼 섹셔닝 한다.

26 뿌리볼륨을 최대한 살릴 수 있도록 120˚ 이상 각도를 유지하며 진행한다.

27 볼륨이 연결될 수 있도록 포물선을 그려주며 진행한다.

28 모선이 꺾이지 않도록 주의하며 진행한다.

29 모발 끝에서 텐션과 회전을 이용하여 인컬로 말아준다.

30 드라이 열이 식을 때까지 뜸을 들여준다.

31 모발의 열이 식으면 롤을 빼준다.

32 백부분 블로우 드라이 인컬 완성모습

33 사이드 부분도 같은 방법으로 진행한다.

34 모선이 꺾이지 않도록 주의하며 진행한다.

35 모발 끝까지 천천히 진행하며 윤기있는 드라이를 완성한다.

36 모발 끝이 안말음이 잘되었는지 확인한다.

37 드라이롤의 지름 만큼 파팅 한다.

38 프론트 부분도 최대의 볼륨을 살릴 수 있도록 120° 이상 각도를 유지하며 진행한다.

39 모선이 꺾이지 않도록 주의하며 진행한다.

40 모발 끝에서 텐션과 회전을 이용하여 인컬로 말아준다.

41 드라이 열이 식을 때까지 뜸을 들여주고 식으면 롤을 빼준다.

42 왼쪽 사이드 블로우 드라이 인컬 완성모습

43 오른쪽 사이드 블로우 드라이 인컬 완성모습

<table>
<tr><th colspan="6">디자인 실습</th></tr>
<tr><td>주 제</td><td colspan="5"></td></tr>
<tr><td>반</td><td></td><td>학 번</td><td></td><td>성 명</td><td></td></tr>
<tr><td colspan="6">디자인 이미지</td></tr>
<tr><td colspan="6"></td></tr>
</table>

<table>
<tr><td rowspan="4">섹션</td><td></td><td></td></tr>
<tr><td>앞</td><td>우</td></tr>
<tr><td></td><td></td></tr>
<tr><td>좌</td><td>뒤</td></tr>
<tr><td>파팅</td><td>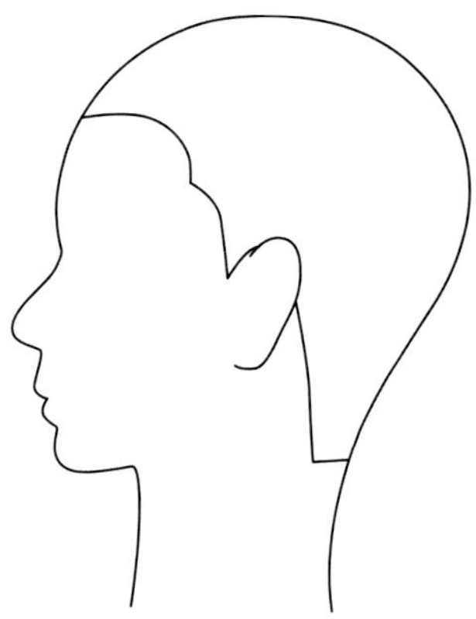</td><td>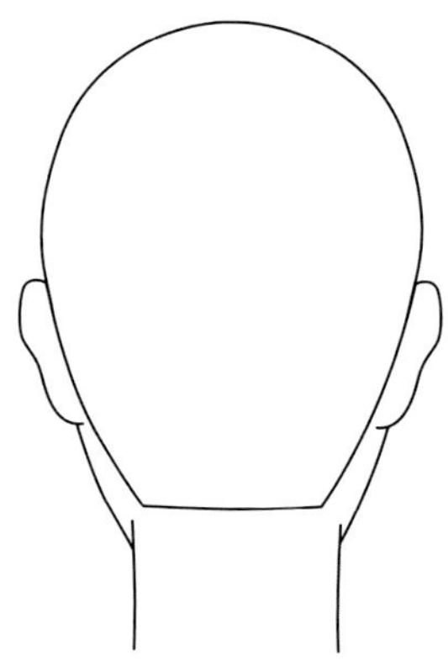</td></tr>
</table>

완성		
	앞	우
	좌	뒤
설명		

BLOW DRY AND IRON

블로우 드라이 및 아이론

제9강

블로우 드라이 테크닉 3 (헤어스타일에 따른) 인컬(C컬) 기법 디자인의 이해

9

학습목표__

미듐 헤어에 드라이를 실습한다.
롤과 드라이 노즐의 방향, 위치를 이해하며 인 컬을 연출한다.
두상에 맞는 볼륨을 연출하고 인 컬의 강약을 조절한다.

인컬 기법(Medium)

중간 기장의 헤어로 모발 끝을 안쪽으로 마는 스타일이다. 단정하고 세련되며 여성스러운 느낌을 연출할 수 있는 스타일이다. 기장이 짧기 때문에 원하는 위치에 볼륨을 만들어주고 모발 끝은 원하는 크기의 인컬을 만들어 준다.

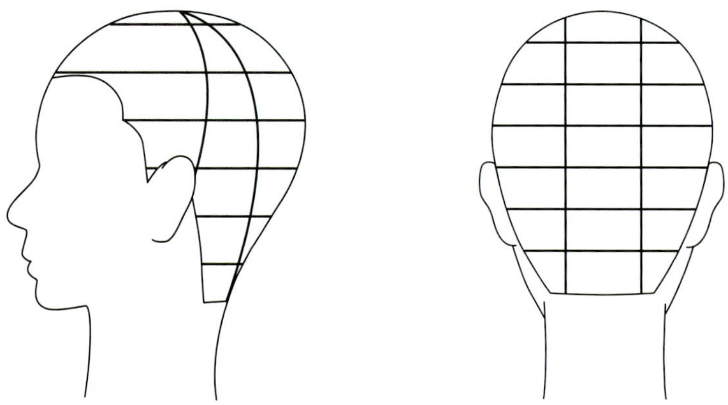

파 팅

KEY POINT
• 원하는 부분에 볼륨을 만들어 준다. • 모발 기장에 맞는 롤 브러쉬를 선택하도록 한다. • 모발의 윤기를 위해 드라이와 빗의 속도를 천천히 한다. • 모발 끝에서 안말음 할 때 모발이 꺾이지 않도록 주의한다.

완성 앞

완성 우

완성 좌

완성 뒤

섹션 앞

섹션 우

섹션 좌

섹션 뒤

시술 전 앞

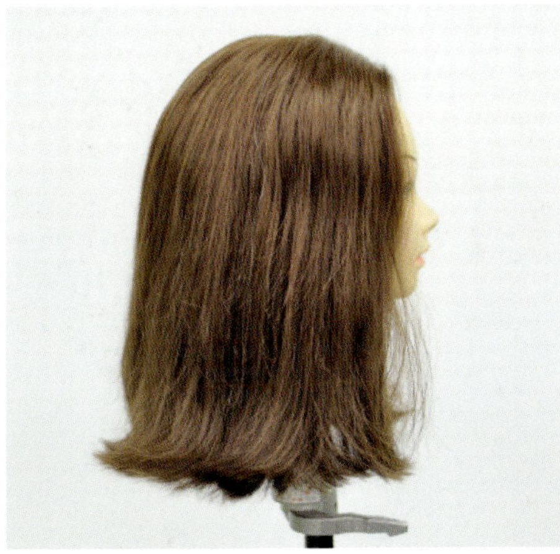

시술 전 우

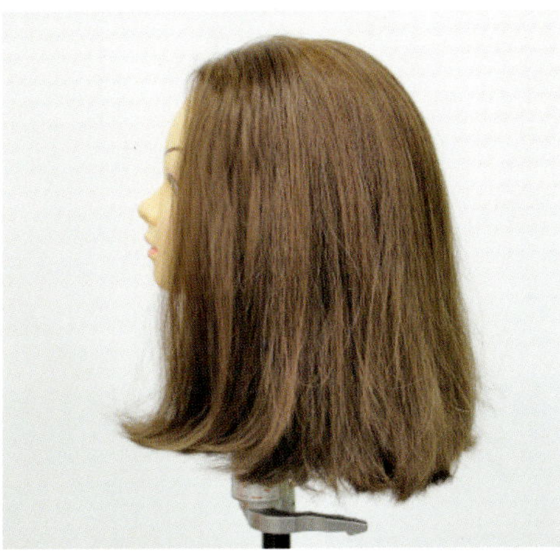

시술 전 좌

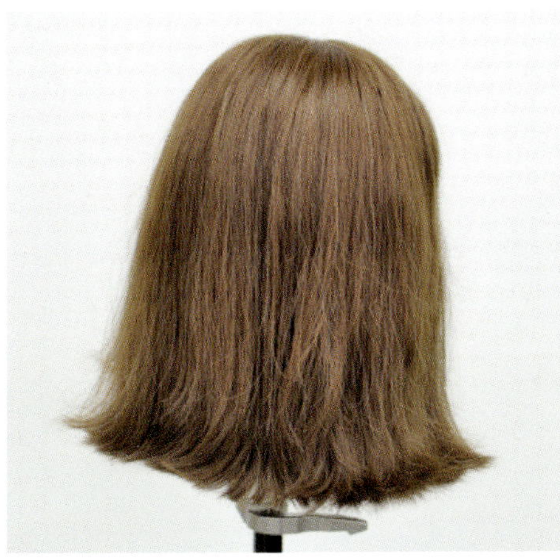

시술 전 뒤

1 네이프 센터를 시작으로 드라이 한다.

2 드라이롤의 지름만큼 파팅한다.

3 드라이 입구를 롤과 직각에 가깝게 하여 시술자 방향으로 바람이 올 수 있게 드라이 한다.

4 천천히 뜸을 들이며 진행한다. 이때 모발에 적당한 텐션이 가해져야 윤기있는 드라이가 완성된다.

5 머리끝에서 롤에 한 바퀴 말아주어 뜸을 준다.

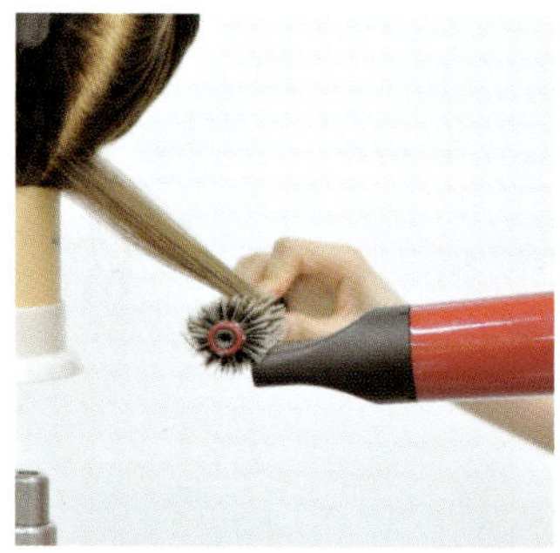

6 드라이 바람을 모발에 주며 롤을 한 바퀴 말았다 풀었다를 2~3회 정도 반복 후 열을 식혀 준다.

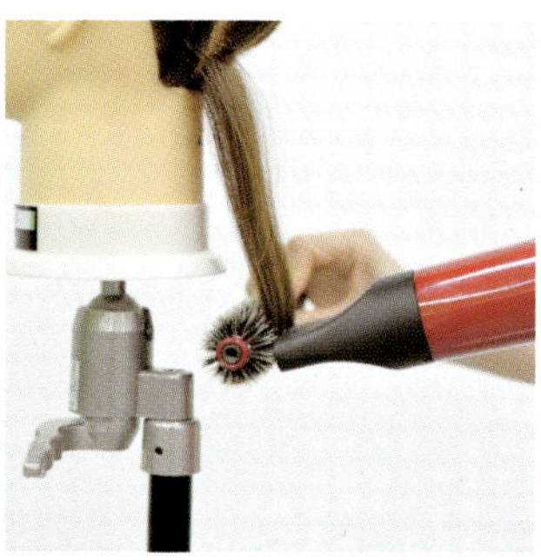

7 컬이 흐트러지지 않게 조심하여 드라이 롤을 빼준다.

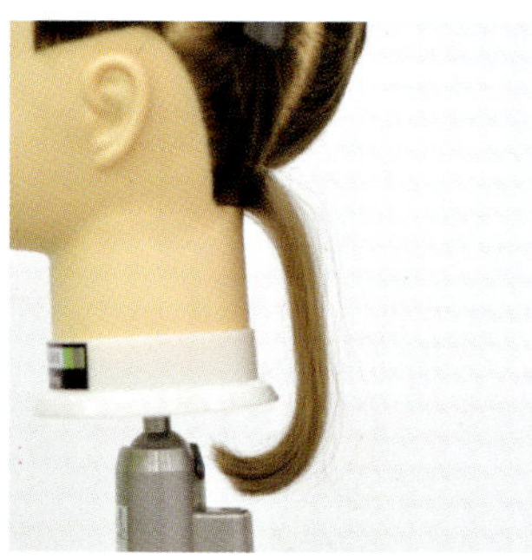

8 인컬이 완성된 옆모습

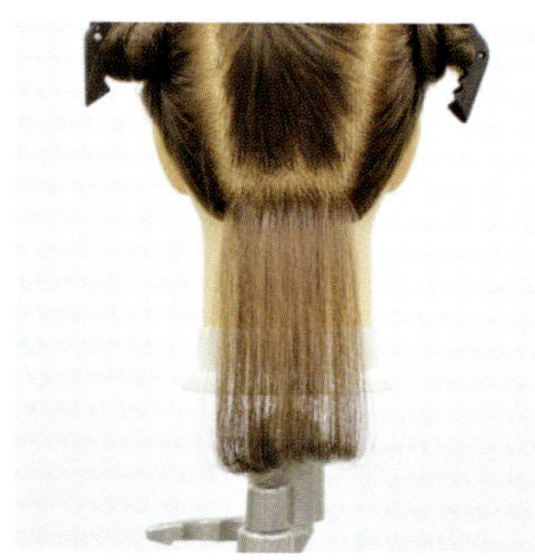

9 인컬이 완성된 뒷모습

10 같은 방법으로 계속 진행하여 볼륨이 필요한 백포인트에서는 섹션의 각도를 들어 뿌리부분에 볼륨을 줄 수 있도록 한다.

11 뿌리부분을 온 더 베이스로 하여 살려준다.

12 볼륨이 연결될 수 있도록 포물선을 그려주며 진행한다.

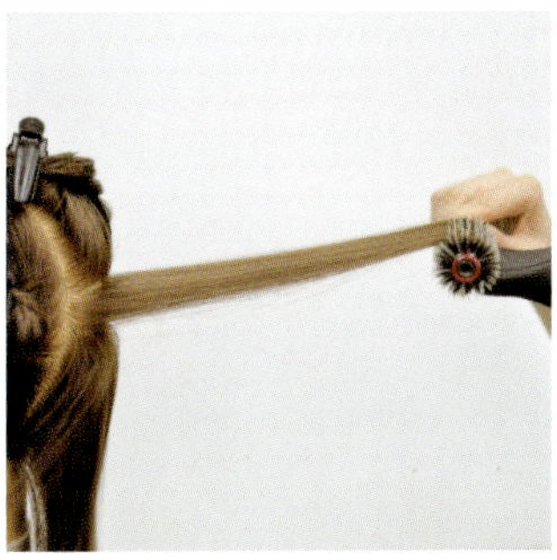

13 모발 끝에서 텐션과 회전을 이용하여 인컬로 말아준다.

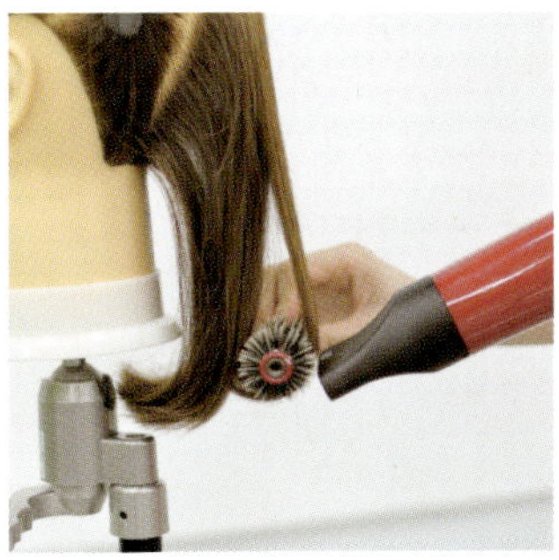

14 드라이 열이 식을 때까지 뜸을 들여준다.

15 백부분 인컬 완성 옆모습

16 백부분 인컬 완성 뒷모습

17 탑부분도 드라이롤의 지름만큼 섹셔닝한다.

18 볼륨이 가장 많이 필요한 탑부분에서는 섹션의 각도를 120° 이상 주어 드라이한다.

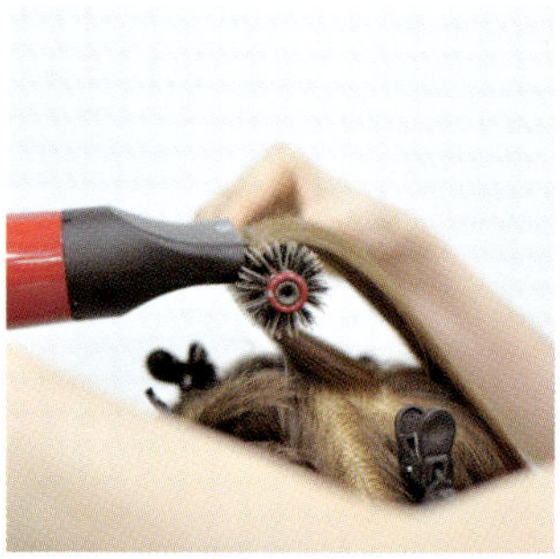

19 볼륨이 연결될 수 있도록 포물선을 그려주며 진행한다.

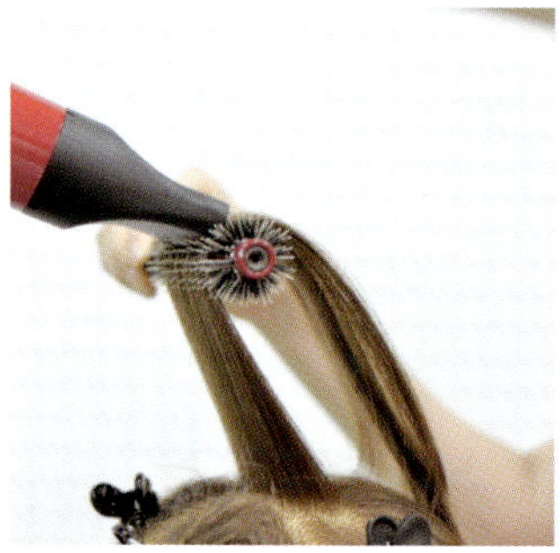

20 뜸을 주며 천천히 드라이 한다.

21 텐션과 회전을 이용하여 적당한 윤기가 있는 드라이가 되도록 한다.

22 모발 끝에 텐션을 주어 인컬로 말아준다.

23 드라이 열이 식을 때까지 뜸을 들여준다.

24 백부분 가운데 섹션 인컬 완성 옆모습

25 백부분 가운데 섹션 인컬 완성 뒷모습

26 백사이드 부분도 같은 방법으로 진행한다.

27 뿌리 부분이 돌아가지 않도록 주의한다.

28 방향성을 생각하며 드라이 한다.

29 모발 끝에 텐션을 주어 인컬로 말아준다.

30 백사이드 부분 인컬 완성모습

31 백부분 인컬 완성모습

32 사이드 부분도 같은 방법으로 드라이 한다.

33 모발의 연결이 자연스럽도록 드라이 한다.

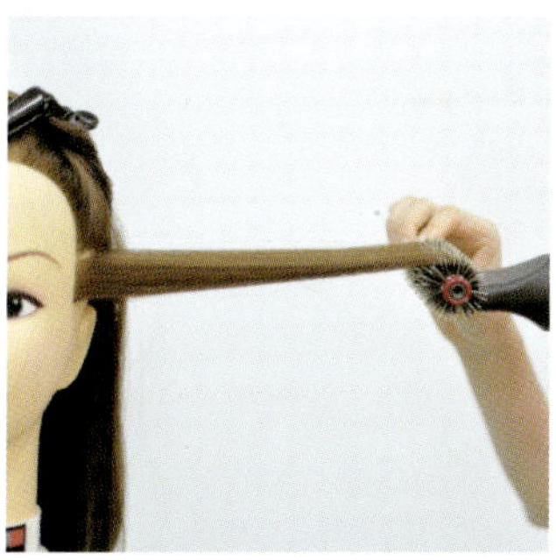

34 모발 끝에 텐션을 주어 인컬로 말아준다.

35 드라이 열이 식을 때까지 뜸을 들여준다.

36 사이드 인컬 완성모습

37 프론트 부분도 드라이롤의 지름만큼 섹셔닝한다.

38 볼륨이 많이 필요하므로 베이스각도를 120° 이상 주어 뿌리 볼륨을 살려준다.

39 볼륨이 연결될 수 있도록 포물선을 그려주며 진행한다.

40 뜸을 주며 천천히 드라이한다.

41 텐션과 회전을 이용하여 적당한 윤기가 있는 드라이가 되도록 한다.

42 모발 끝에 텐션을 주어 인컬로 말아준다.

<table>
<tr><th colspan="6">디자인 실습</th></tr>
<tr><td>주 제</td><td colspan="5"></td></tr>
<tr><td>반</td><td></td><td>학 번</td><td></td><td>성 명</td><td></td></tr>
<tr><td colspan="6">디자인 이미지</td></tr>
<tr><td colspan="6"></td></tr>
</table>

<table>
<tr><td rowspan="4">섹션</td><td></td><td></td></tr>
<tr><td>앞</td><td>우</td></tr>
<tr><td></td><td></td></tr>
<tr><td>좌</td><td>뒤</td></tr>
<tr><td>파팅</td><td>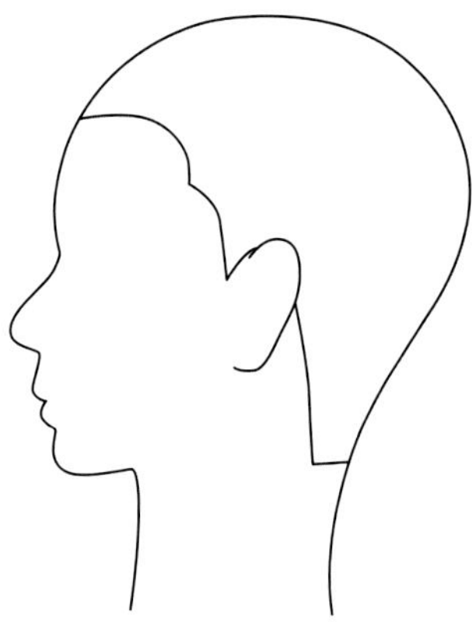</td><td>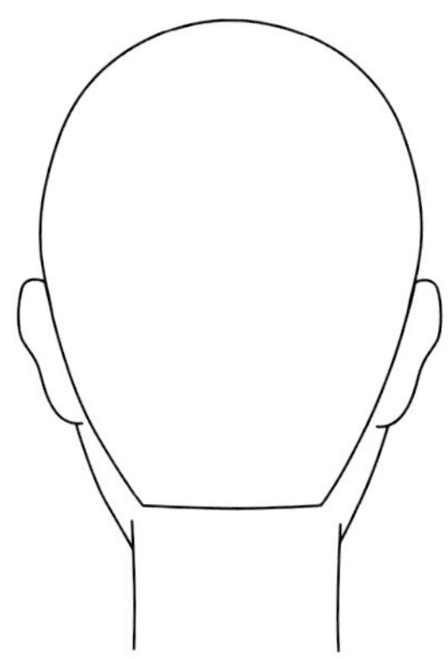</td></tr>
</table>

<table>
<tr><td rowspan="4">완성</td><td></td><td></td></tr>
<tr><td>앞</td><td>우</td></tr>
<tr><td></td><td></td></tr>
<tr><td>좌</td><td>뒤</td></tr>
<tr><td>설명</td><td colspan="2"></td></tr>
</table>

BLOW DRY AND IRON

블로우 드라이 및 아이론

10

제10강
블로우 드라이 테크닉 4
아웃컬 기법 디자인의 이해

학습목표_

미듐 헤어에 드라이를 실습한다.
롤과 드라이 노즐의 방향, 위치를 이해하며 아웃 컬을 연출한다.
두상에 맞는 볼륨을 연출하고 아웃 컬의 강약을 조절한다.

아웃컬 기법

중간 기장의 헤어로 모발 끝을 바깥으로 마는 스타일이다. 밝고 어려보이며 귀여운 느낌을 연출할 수 있는 스타일이다. 기장이 짧기 때문에 원하는 위치에 볼륨을 만들어주고 모발 끝은 원하는 크기의 아웃컬을 만들어 준다.

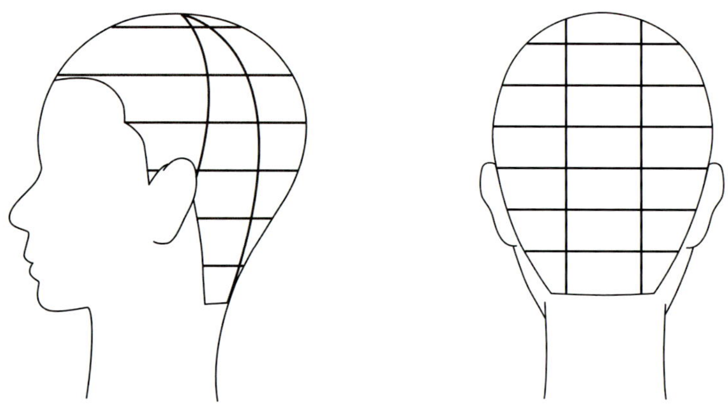

파 팅

KEY POINT
• 원하는 부분에 볼륨을 만들어 준다. • 모발의 흐름이 자연스럽게 연결될 수 있도록 한다. • 모발 기장에 맞는 롤 브러쉬를 선택하도록 한다. • 전체적인 모발의 흐름이 부자연스럽지 않도록 주의한다.

완성 앞

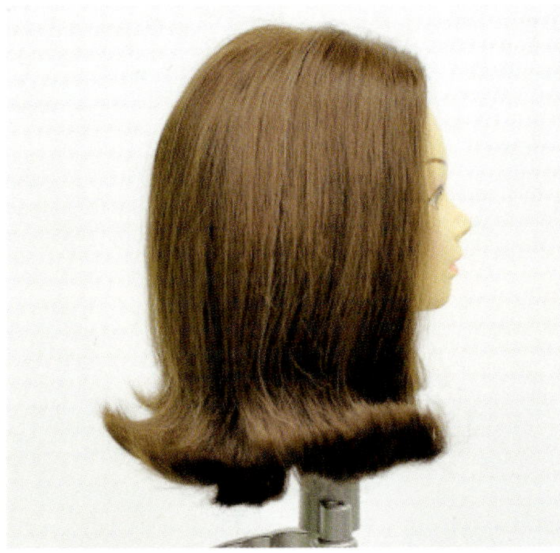

완성 우

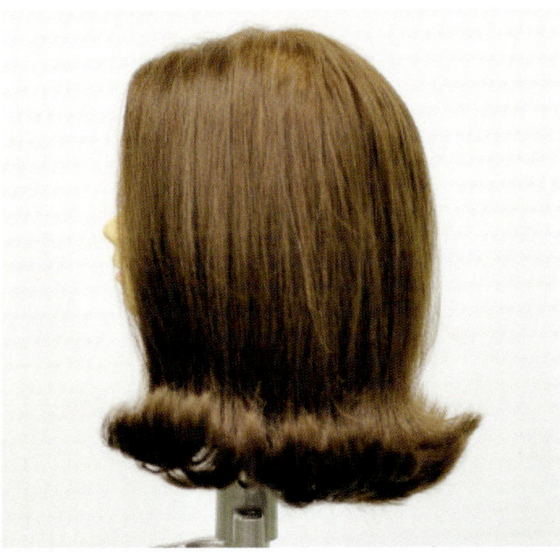

완성 좌

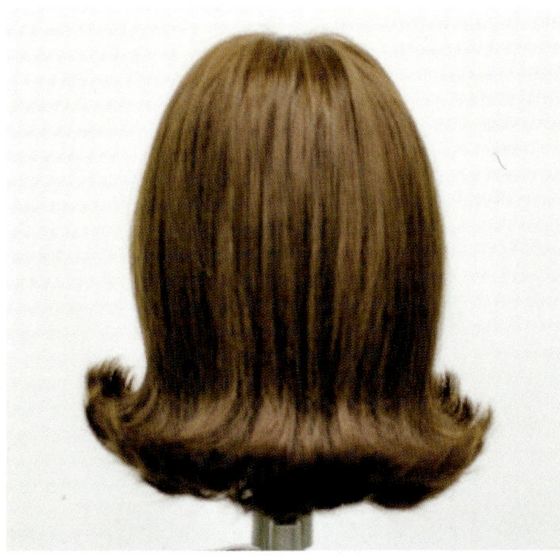

완성 뒤

섹션 앞

섹션 우

섹션 좌

섹션 뒤

시술 전 앞

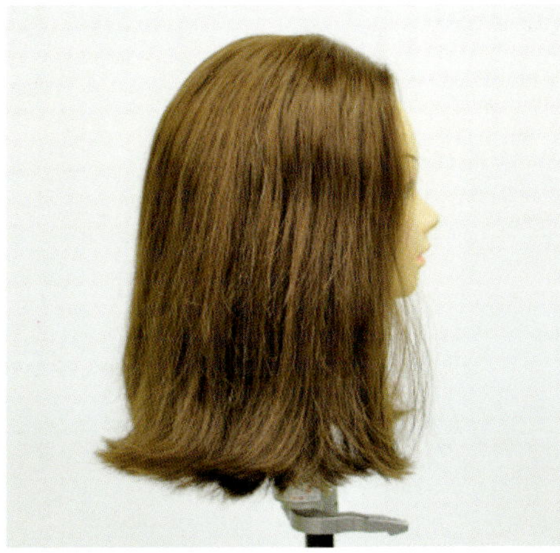

시술 전 우

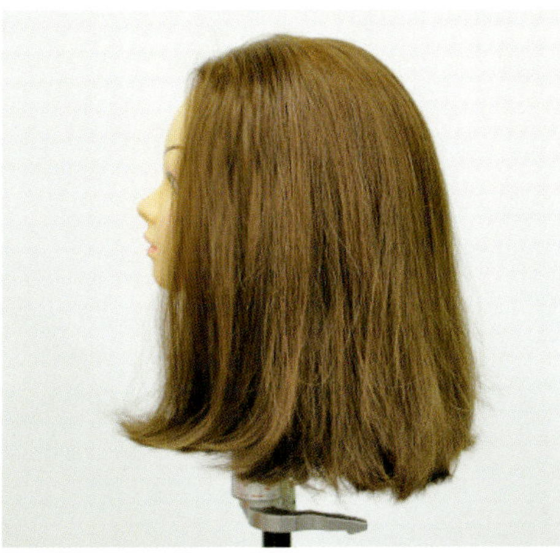

시술 전 좌

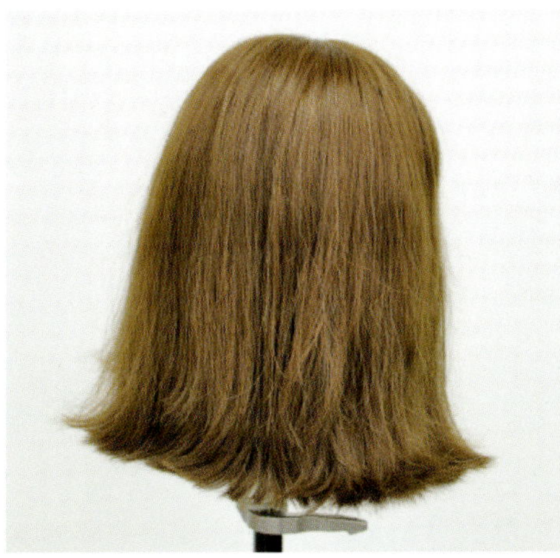

시술 전 뒤

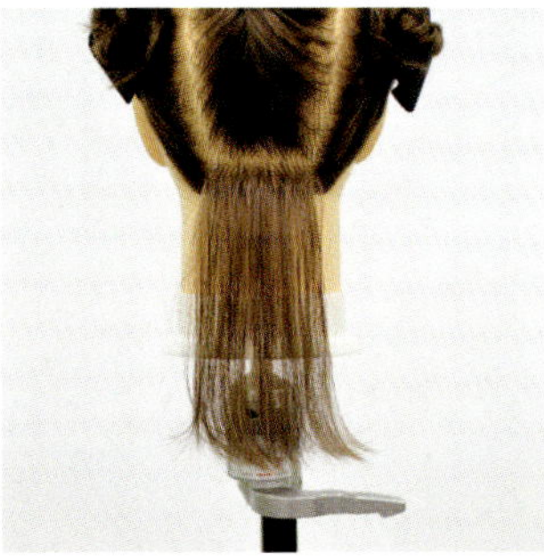

1 네이프 센터를 시작으로 하여 드라이 시작한다.

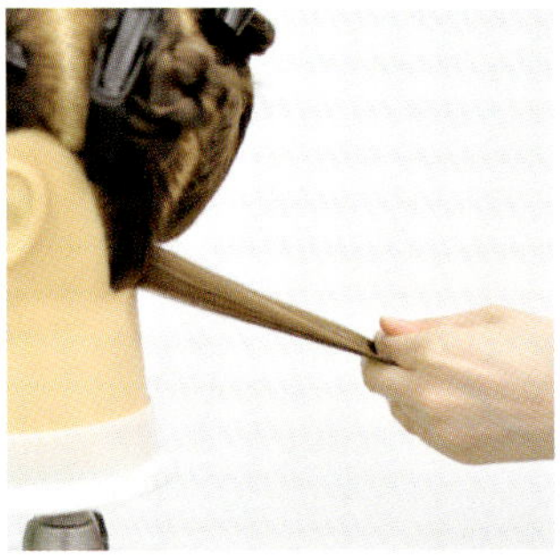

2 드라이롤의 지름만큼 파팅한다.

3 드라이 입구를 롤과 직각에 가깝게 하여 시술자 방향으로 바람이 올 수 있게 드라이 한다.

4 천천히 뜸을 들이며 진행한다. 이때 모발에 적당한 텐션이 가해져야 윤기있는 드라이가 완성된다.

5 머리끝에서 롤에 한 바퀴 말아주어 뜸을 준다.

6 모발이 식기 전에 컬의 방향을 바깥으로 하여 아웃컬이 되게 한다.

7 드라이 바람으로 열을 준다.

8 열을 식혀주어 컬을 고정시켜준다.

9 아웃컬이 완성된 뒷모습

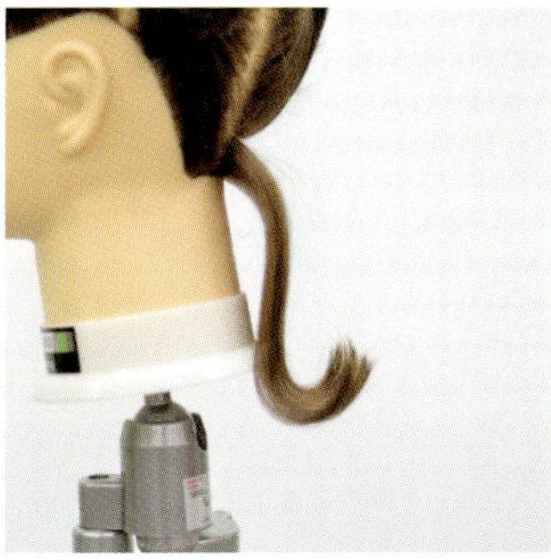
10 아웃컬이 완성된 옆모습

11 같은 방법으로 계속 진행하여 볼륨이 필요한 백포인트에서는 섹션의 각도를 들어 뿌리부분에 볼륨을 줄 수 있도록 한다.

12 뿌리부분을 온 더 베이스로 하여 뿌리볼륨을 살려준다.

13 천천히 뜸을 들이며 진행한다.

14 머리끝에서 롤에 한 바퀴 말아주어 뜸을 준다.

15 모발이 식기 전에 컬의 방향을 바깥으로 하여 아웃컬이 되게 한다.

16 드라이 바람으로 열을 준 후 식혀주어 컬을 고정시킨다.

17 백부분 아웃컬 완성 옆모습

18 백부분 아웃컬 완성 뒷모습

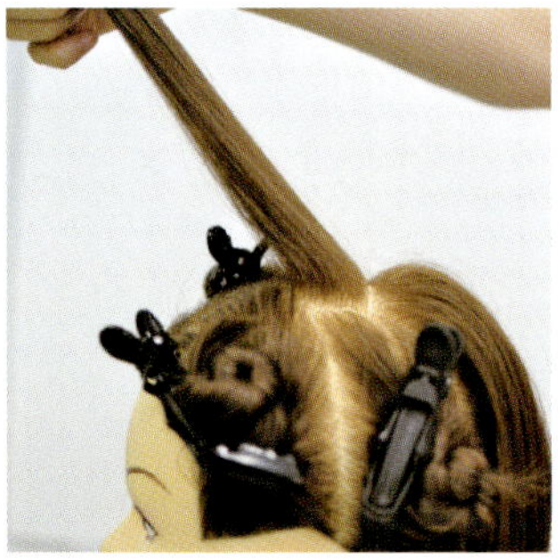

19 탑부분도 드라이 롤의 지름만큼 파팅한다.

20 볼륨이 가장 많이 필요한 탑 부분에서는 파팅의 각도를 120° 이상 주어 드라이 한다.

21 볼륨이 연결될 수 있도록 포물선을 그려주며 진행한다.

22 뜸을 주며 천천히 드라이 한다.

23 모발에 적당한 텐션이 가해져야 윤기있는 드라이가 완성된다.

24 머리끝에서 롤에 한 바퀴 말아주어 뜸을 준다.

25 모발이 식기 전에 컬의 방향을 바깥으로 하여 아웃 컬이 되게 한다.

26 백부분 가운데 섹션 아웃 컬 완성 옆모습

27 백부분 가운데 섹션 아웃 컬 완성 뒷모습

28 오른쪽 백사이드를 진행 한다.

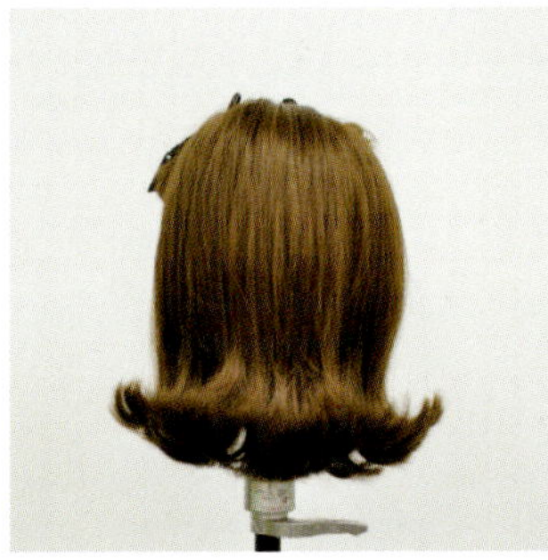

29 백사이드까지 아웃컬 진행 모습

30 백사이드까지 아웃컬 진행 모습

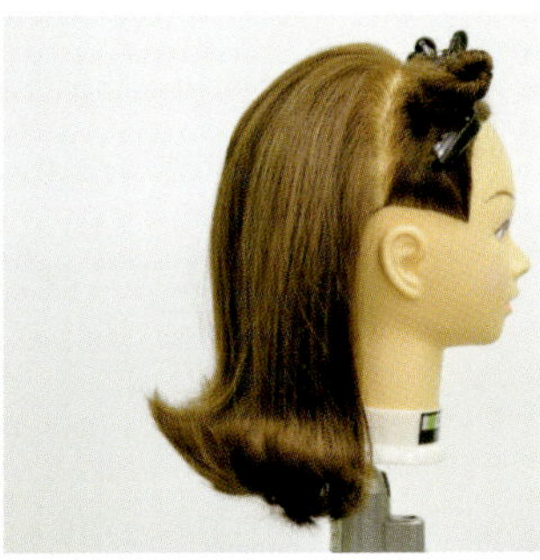

31 백사이드까지 아웃컬 진행 모습

32 사이드 부분도 같은 방법으로 드라이 한다.

33 모발의 연결이 자연스럽도록 드라이 한다.

34 사이드 아웃컬 완성모습

디자인 실습					
주 제					
반		학 번		성 명	
디자인 이미지					

섹션	앞	우
	좌	뒤
파팅		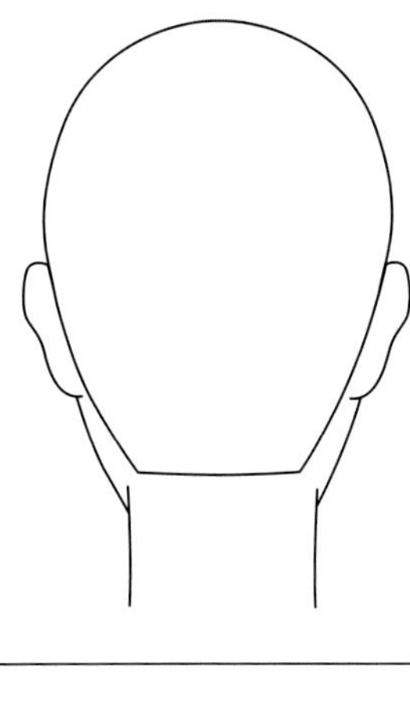

<table>
<tr><td rowspan="4">완성</td><td></td><td></td></tr>
<tr><td>앞</td><td>우</td></tr>
<tr><td></td><td></td></tr>
<tr><td>좌</td><td>뒤</td></tr>
<tr><td>설명</td><td colspan="2"></td></tr>
</table>

BLOW DRY AND IRON

블로우 드라이 및 아이론

제11강
블로우 드라이 테크닉 5
세로 웨이브(포워드) 기법 디자인의 이해

11

학습목표_

롱 헤어에 드라이를 실습한다.
포워드 웨이브의 방향과 형태를 이해하며 세로 웨이브를 연출한다.
후대각 파팅을 사용하고 컬의 탄력을 조절한다.

세로 웨이브(후대각-포워드) 기법

긴 기장의 헤어로 드라이기를 사용해 웨이브를 만들어주는 스타일이다. 여성스러움과 귀여움을 동시에 연출할 수 있다. 웨이브의 방향은 안쪽으로 향하게 하여 원하는 크기의 웨이브를 만들어준다. 아이론에 비해 더 자연스러운 웨이브를 만들 수 있다.

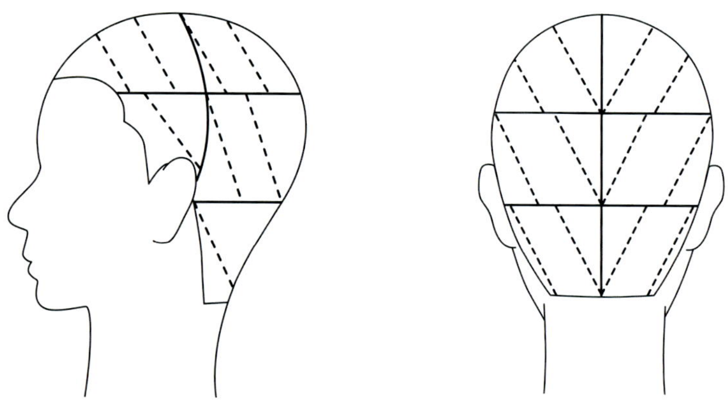

파 팅

KEY POINT
• 선택한 롤의 굵기를 고려해 섹션을 나눈다. • 탄력있는 컬을 만들기 위해 모발에 충분한 열을 전달한다. • 모발 끝 말음 시 꺾이지 않도록 주의한다. • 방향에 주의한다.

완성 앞

완성 우

완성 좌

완성 뒤

섹션 앞

섹션 우

섹션 좌

섹션 뒤

시술 전 앞

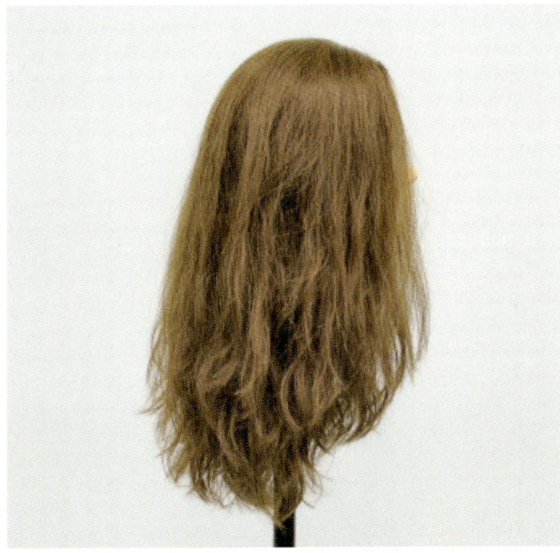

시술 전 우

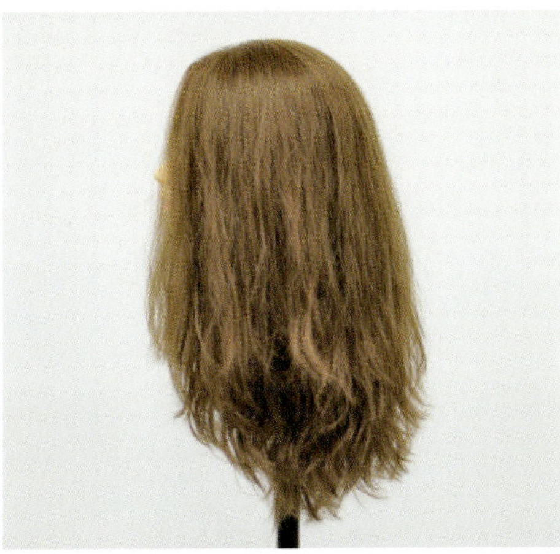

시술 전 좌

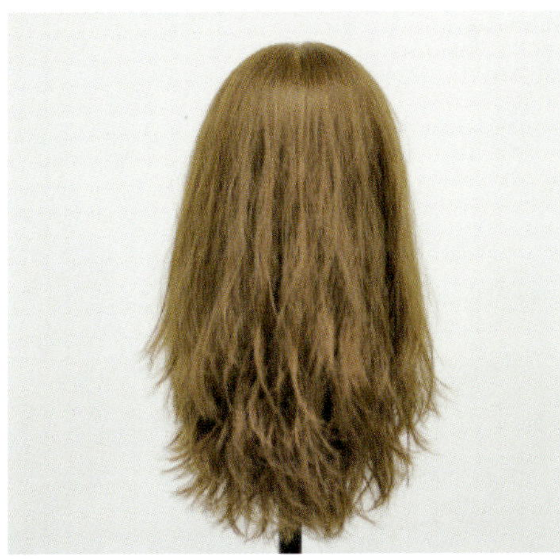

시술 전 뒤

1 네이프 오른쪽부터 후대각 파팅으로 슬라이싱한다.

2 파팅으로부터 수평으로 하여 드라이 롤을 위치한다.

3 드라이 입구를 시술자 쪽으로 하여 손목의 스냅과 손가락의 회전을 이용하여 아래로 진행한다.

4 모발의 끝까지 오면 드라이 롤을 두 바퀴 정도 말았다 풀었다를 2~3회 반복 후 드라이 열을 주며 원하는 만큼 말아준다.

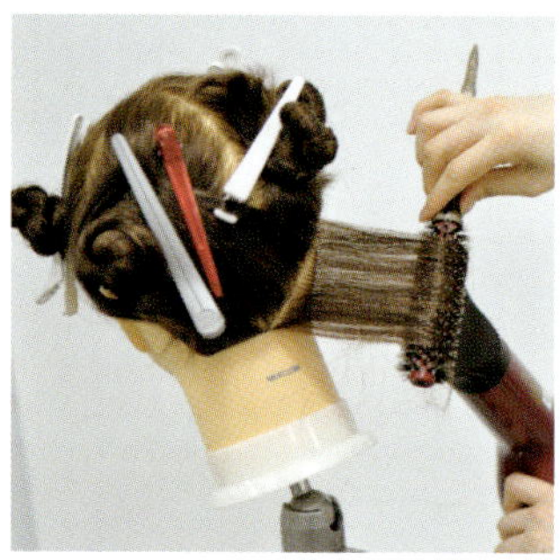

5 원하는 만큼의 위치까지 와인딩이 끝나면 드라이 열을 주고 천천히 뜸을 주며 찬바람으로 열을 식혀준다.

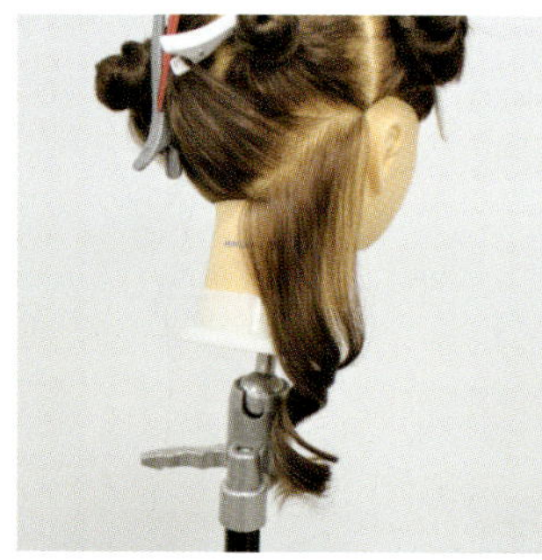

6 모발의 열이 식으면 드라이 롤을 풀어준다.

7 네이프 오른쪽 포워드 웨이브 완성모습

8 탑 부분까지 같은 방법으로 계속 진행한다.

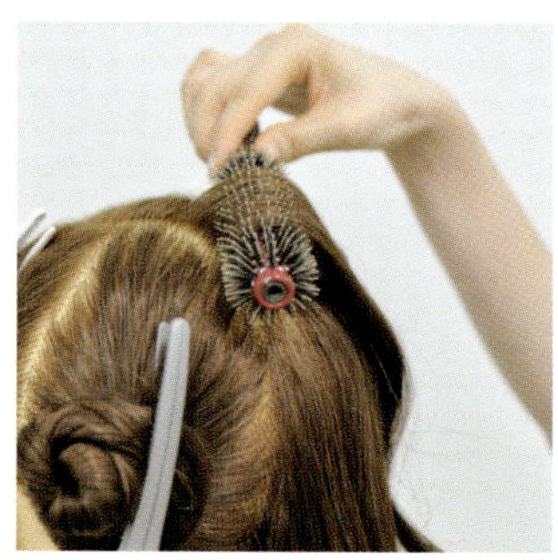

9 볼륨이 필요한 탑 부분에서는 섹션의 각도를 120° 이상 주어 드라이 한다.

10 뜸을 주며 천천히 드라이 한다.

11 모발의 끝까지 오면 드라이 롤을 두 바퀴 정도 말았다 풀었다를 2~3회 반복 후 드라이 열을 주며 원하는 만큼 말아준다.

12 모발의 열이 식으면 드라이 롤을 풀어준다.

13 오른쪽 백사이드 포워드 웨이브 완성

14 네이프 왼쪽도 오른쪽과 마찬가지로 후대각 파팅으로 슬라이싱 한다.

15 오른쪽과 반대방향을 인지하며 파팅으로부터 수평으로 하여 드라이 롤을 위치한다.

16 드라이 입구를 시술자 쪽으로 하여 같은 방법으로 시술한다.

17 텐션과 회전을 이용하여 적당한 윤기가 있는 드라이가 되도록 한다.

18 웨이브 완성모습

19 왼쪽 백사이드 아랫부분 완성모습

20 탑부분도 같은 방법으로 진행한다.

21 볼륨이 필요한 탑 부분에서는 파팅의 각도를 120° 이상 주어 드라이 한다.

22 뜸을 주며 천천히 드라이 한다.

23 모발의 끝까지 오면 드라이 롤을 두 바퀴 정도 말았다 풀었다를 2~3회 반복 후 드라이 열을 주며 원하는 만큼 말아준다.

24 모발의 열이 식으면 드라이 롤을 풀어준다.

25 백부분 포워드 웨이브 완성모습

26 사이드부분도 후대각 파팅으로 슬라이싱한다.

27 같은 방법으로 진행한다.

28 웨이브 완성모습

29 왼쪽사이드 아랫부분 포워드 웨이브 완성모습

30 프론트 부분도 같은 방법으로 진행한다.

31 텐션과 회전을 이용하여 적당한 윤기가 있는 드라이가 되도록 한다.

32 모발의 열이 식으면 드라이 롤을 풀어준다.

33 왼쪽 사이드 포워드 웨이브 완성모습

34 오른쪽 사이드부분도 후대각 파팅으로 슬라이싱한다.

35 반대방향을 인지하며 파팅으로부터 수평으로 하여 드라이 롤을 위치한다.

36 같은 방법으로 진행한다.

37 모발의 열이 식으면 드라이 롤을 풀어준다.

38 웨이브 완성모습

39 오른쪽 사이드 아랫부분 완성모습

40 오른쪽 사이드 프론트 부분까지 포워드 웨이브 완성모습

<table>
<tr><th colspan="6">디자인 실습</th></tr>
<tr><td>주 제</td><td colspan="5"></td></tr>
<tr><td>반</td><td></td><td>학 번</td><td></td><td>성 명</td><td></td></tr>
<tr><td colspan="6">디자인 이미지</td></tr>
<tr><td colspan="6"></td></tr>
</table>

구분		
섹션		
	앞	우
	좌	뒤
파팅	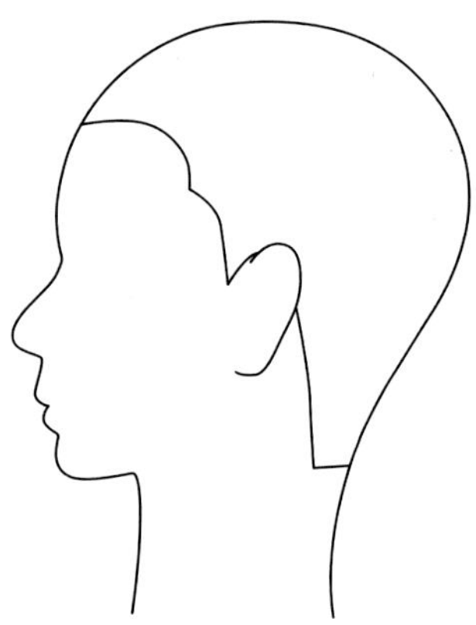	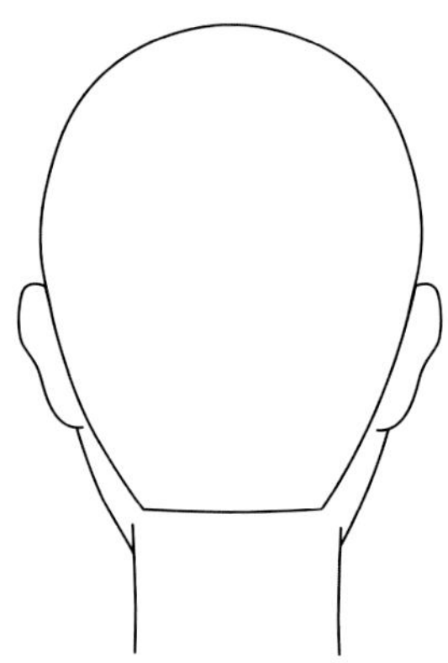

완성	앞	우
	좌	뒤
설명		

BLOW DRY AND IRON

블로우 드라이 및 아이론

제12강 블로우 드라이 테크닉 6 세로 웨이브(리버스) 기법 디자인의 이해

12

학습목표_

롱 헤어에 드라이를 실습한다.
리버스 웨이브의 방향과 형태를 이해하며 세로 웨이브를 연출한다.
전대각 파팅을 사용하고 컬의 탄력을 조절한다.

세로 웨이브(전대각-리버스) 기법

긴 기장의 헤어로 드라이기를 사용해 웨이브를 만들어주는 스타일이다. 여성스러움과 섹시함을 동시에 연출할 수 있다. 웨이브의 방향은 바깥 쪽으로 향하게 하여 원하는 크기의 웨이브를 만들어 준다. 아이론에 비해 더 자연스러운 웨이브를 만들 수 있다.

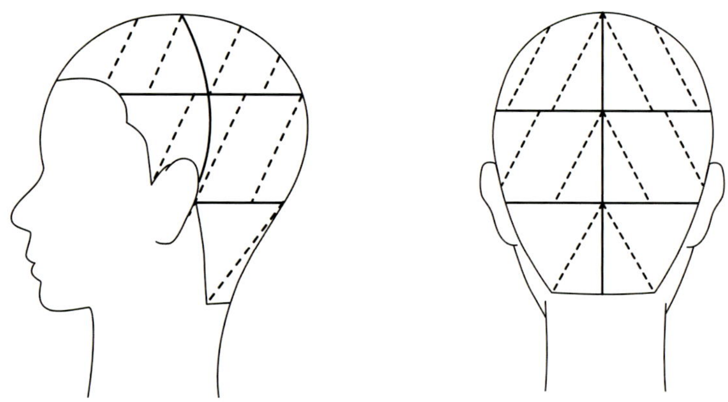

파 팅

KEY POINT

- 선택한 롤의 굵기를 고려해 섹션을 나눈다.
- 탄력있는 컬을 만들기 위해 모발에 충분한 열을 전달한다.
- 모발 끝 말음 시 꺾이지 않도록 주의한다.

완성 앞

완성 우

완성 좌

완성 뒤

섹션 앞

섹션 우

섹션 좌

섹션 뒤

시술 전 앞

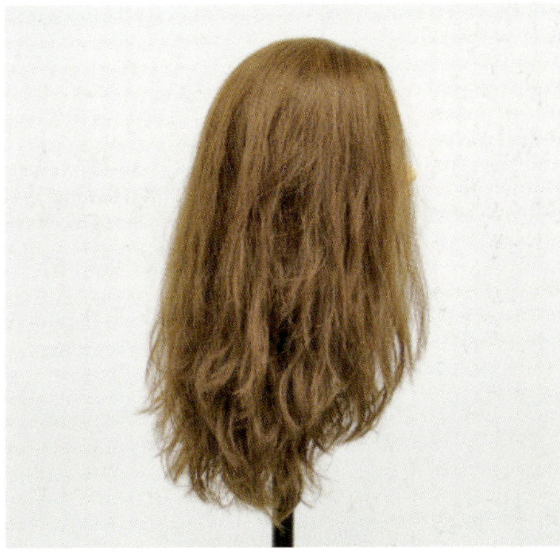

시술 전 우

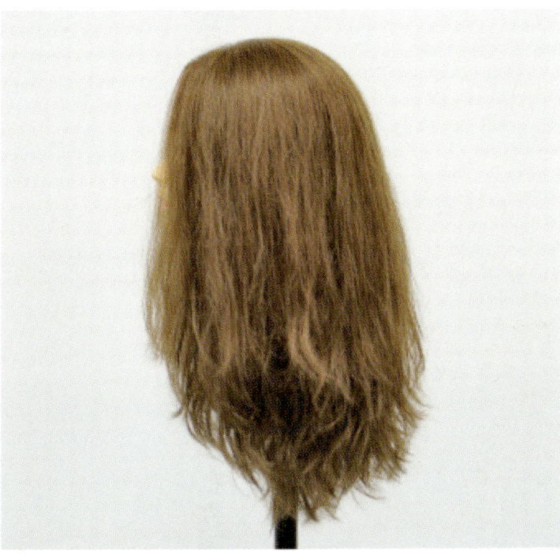

시술 전 좌

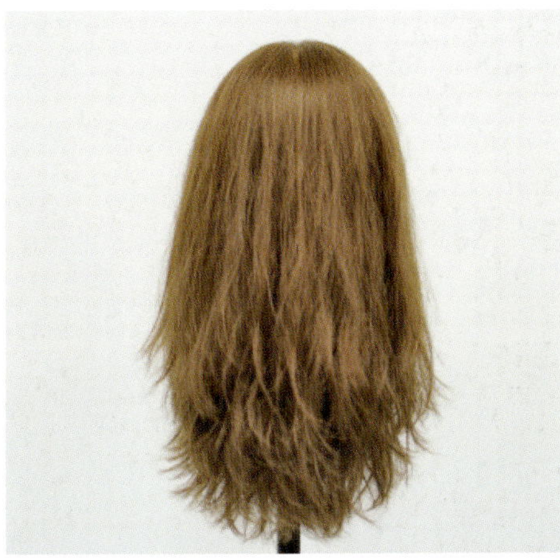

시술 전 뒤

1 네이프 오른쪽부터 전대각 파팅으로 슬라이싱한다.

2 파팅으로부터 수평으로 하여 드라이 롤을 위치한다.

3 드라이 입구를 시술자 쪽으로 하여 손목의 스냅과 손가락의 회전을 이용하여 아래로 진행한다.

4 모발의 끝까지 오면 드라이 롤을 두 바퀴 정도 말았다 풀었다를 2~3회 반복한다.

5 드라이 열을 주며 원하는 만큼 말아준다.

6 원하는 만큼의 위치까지 와인딩이 끝나면 드라이 열을 주고 천천히 뜸을 주며 찬바람으로 열을 식혀준다.

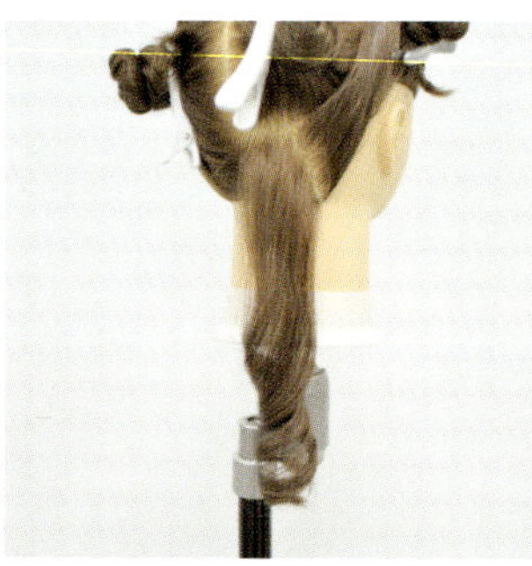

7 모발의 열이 식으면 드라이 롤을 풀어준다.

8 네이프 오른쪽 리버스 웨이브 완성모습

9 탑 부분까지 같은 방법으로 계속 진행하여 볼륨이 필요한 탑 부분에서는 파팅의 각도를 120° 이상 주어 드라이 한다.

10 뜸을 주며 천천히 드라이 한다.

11 모발의 열이 식으면 드라이 롤을 풀어준다.

12 오른쪽 백사이드 리버스 웨이브 완성

13 네이프 왼쪽도 오른쪽과 마찬가지로 전대각 파팅으로 슬라이싱 한다.

14 오른쪽과 반대방향을 인지하며 파팅으로부터 수평으로 하여 드라이 롤을 위치한다.

15 드라이 입구를 시술자 쪽으로 하여 같은 방법으로 시술한다.

16 웨이브 완성모습

17 왼쪽 백사이드 아랫부분 완성모습

18 탑부분도 같은 방법으로 진행한다.

19 텐션과 회전을 이용하여 적당한 윤기가 있는 드라이가 되도록 한다.

20 백부분 리버스 웨이브 완성모습

21 사이드 부분도 전대각 파팅으로 슬라이싱하여 리버스와인딩 한다.

22 파팅으로부터 수평으로 하여 드라이 롤을 위치한다.

23 드라이 입구를 시술자 쪽으로 하여 손목의 스냅과 손가락의 회전을 이용하여 진행한다.

24 웨이브 완성모습

25 왼쪽사이드 아랫부분 완성모습

26 프론트 부분도 같은 방법으로 진행한다.

27 텐션과 회전을 이용하여 적당한 윤기가 있는 드라이가 되도록 한다.

28 모발의 끝까지 오면 드라이 롤을 두 바퀴 정도 말았다 풀었다를 2~3회 반복 후 드라이 열을 주며 원하는 만큼 말아준다.

29 모발의 열이 식으면 드라이 롤을 풀어준다.

30 왼쪽 사이드 리버스 웨이브 완성모습

31 오른쪽 사이드도 같은 방법으로 진행한다.

32 오른쪽 사이드 부분도 전대각 파팅으로 슬라이싱하여 같은 방법으로 진행한다.

33 텐션과 회전을 이용하여 적당한 윤기가 있는 드라이가 되도록 한다.

34 웨이브 완성모습

35 오른쪽 사이드 아랫부분 완성모습

36 오른쪽 프론트 부분도 같은 방법으로 진행한다.

37 파팅으로부터 수평으로 하여 드라이 롤을 위치한다.

38 볼륨을 위해 파팅의 각도를 120° 이상 주어 드라이한다.

39 뜸을 주며 천천히 드라이한다.

40 프론트 부분은 뿌리부분에 볼륨을 주기 위해 모발 끝까지 드라이 롤을 말아준다.

41 드라이 롤을 바로 빼지 말고 중간부분에 드라이 열을 주어 릿지를 만들어 준다.

42 페이스 라인을 따라 자연스러운 웨이브가 형성될 수 있도록 천천히 드라이 롤을 빼준다.

43 프론트 부분 리버스 웨이브 완성모습

디자인 실습					
주 제					
반		학 번		성 명	
디자인 이미지					

섹션		
	앞	우
	좌	뒤
파팅	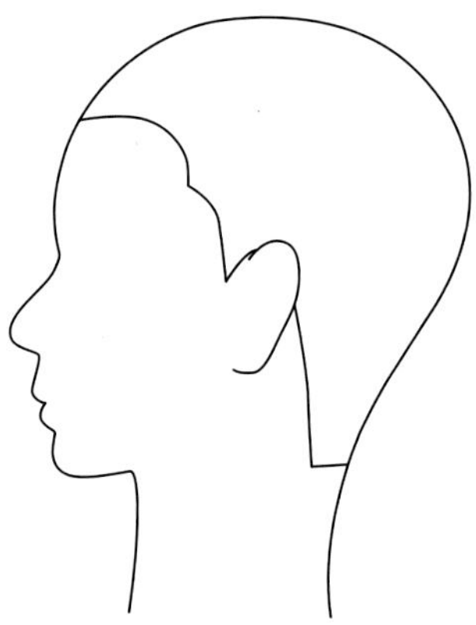	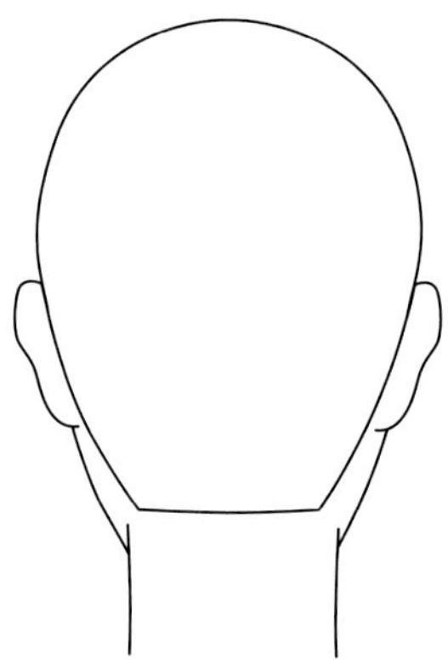

완성		
	앞	우
	좌	뒤
설명		

BLOW DRY AND IRON

블로우 드라이 및 아이론

13

제13강
아이론 테크닉 1
스트레이트 기법 디자인의 이해

학습목표_

롱 헤어에 플랫 아이론을 사용하여 스트레이트를 연출한다.
아이론의 각도에 주의한다.
아이론의 적절한 속도를 유지하여 모발의 윤기를 확인한다.

플랫아이론-스트레이트

긴 기장의 헤어로 아이론을 사용해 모발 끝까지 스트레이트를 만들어주는 스타일이다. 가장 깔끔하고 단정한 스타일을 연출할 수 있다. 뿌리에서 모발 끝까지 아이론의 열을 골고루 천천히 전달하여 준다. 드라이에 비해 볼륨은 떨어지지만 더 많은 모발에 윤기를 줄 수 있다.

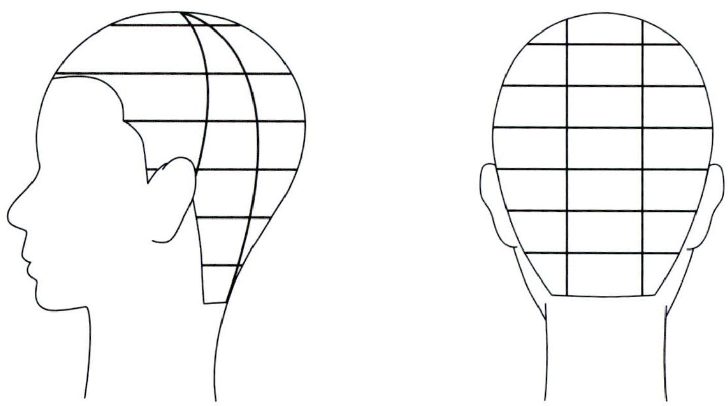

파 팅

KEY POINT
• 모발의 수분을 모두 말린 후에 시술한다. • 모발의 손상도에 따라 아이론의 온도를 조절한다. • 잦은 반복으로 정전기가 발생할 수 있으니 주의한다.

완성 앞

완성 우

완성 좌

완성 뒤

섹션 앞

섹션 우

섹션 좌

섹션 뒤

시술 전 앞

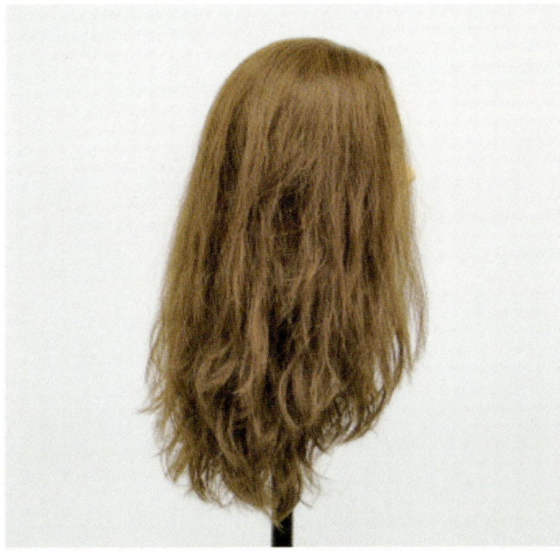

시술 전 우

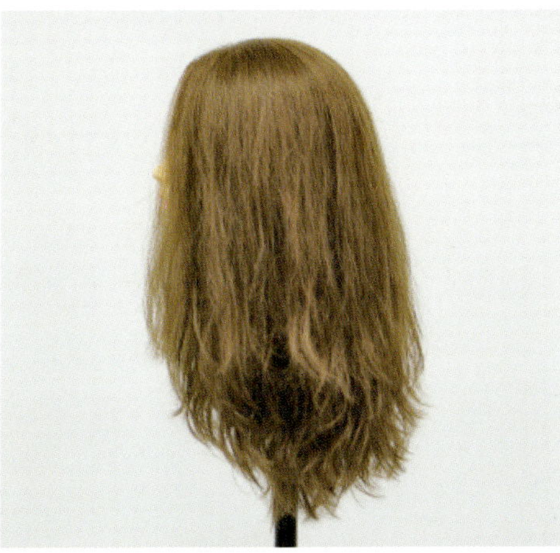

시술 전 좌

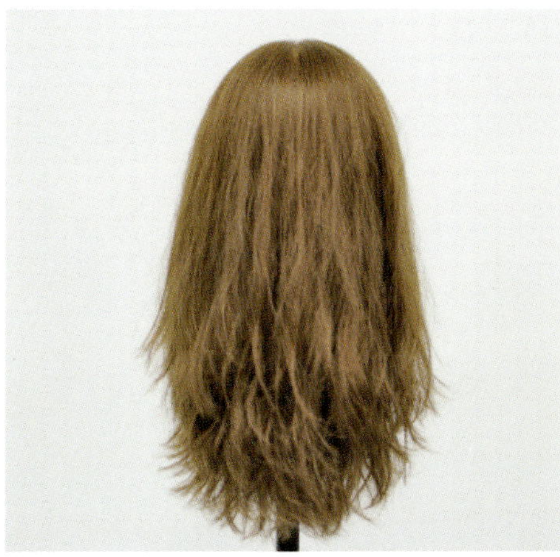

시술 전 뒤

1 네이프 가운데부터 시작한다.

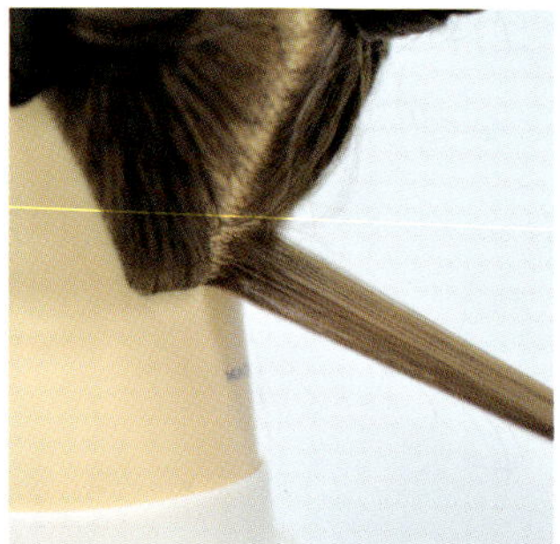

2 파팅의 두께는 모발에 따라서 2cm 내외로 하여 두피에서 90° 각도로 시술한다.

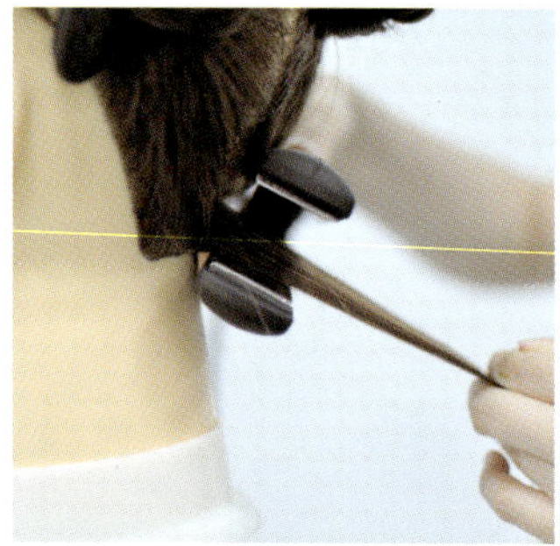

3 아이론의 열판과 모발의 판넬이 수평이 되도록 한다.

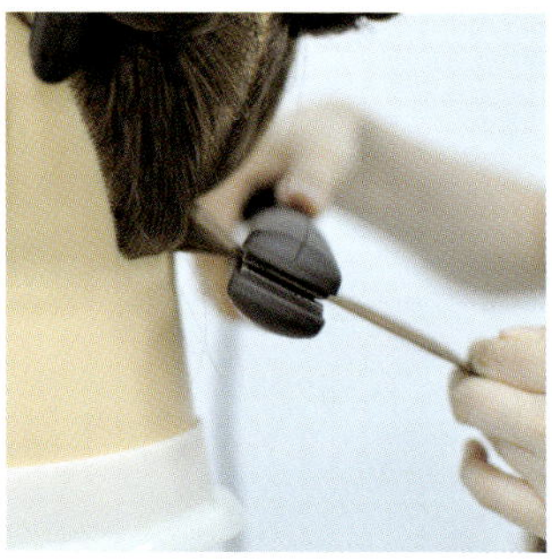

4 아이론에 너무 과한 힘을 주지 말고 살짝 닫아준다는 느낌으로 아이론을 집어준다.

5 모발이 엉키지 않도록 아이론에서 시술자 쪽으로 꼬리빗을 대준다.

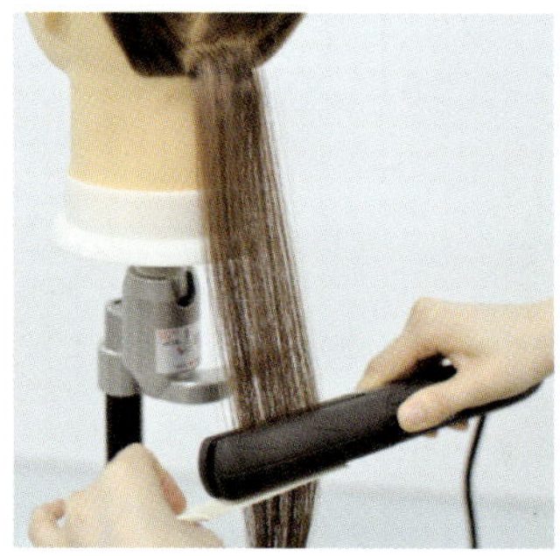

6 천천히 뜸을 들여 주며 빗과 함께 시술한다.

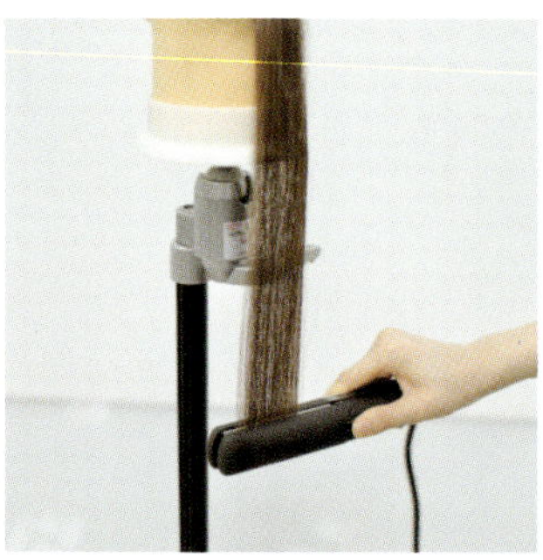

7 모발 끝까지 진행한다.

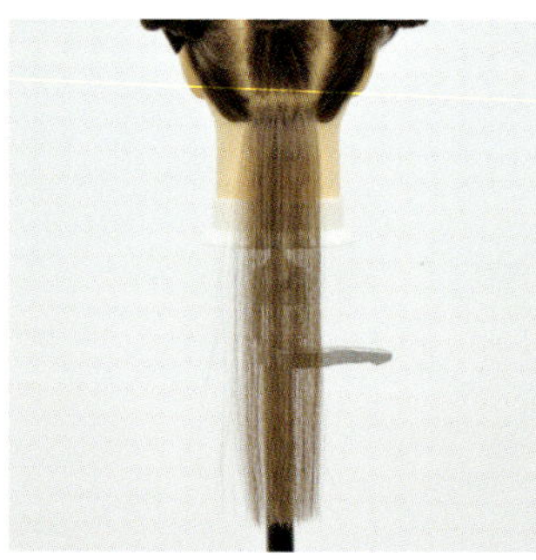

8 플랫 아이론을 이용한 스트레이트가 완성된 뒷모습

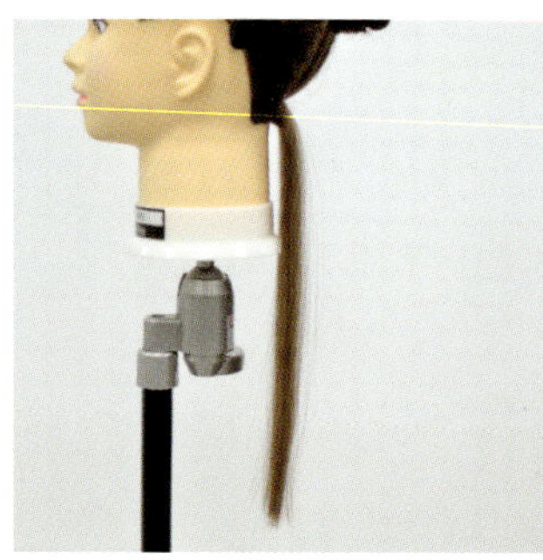

9 플랫 아이론을 이용한 스트레이트가 완성된 옆모습

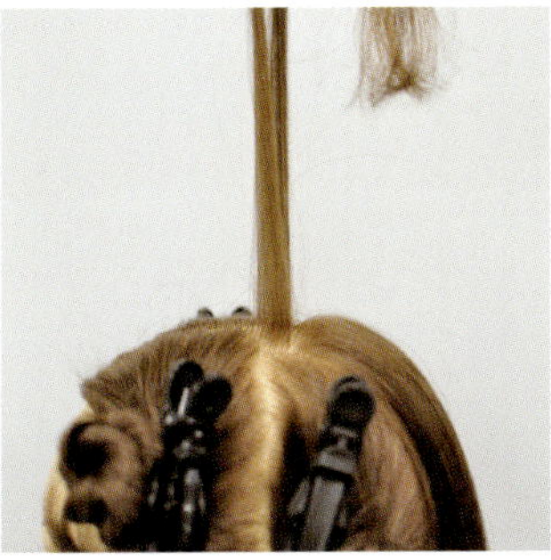

10 같은 방법으로 탑 부분까지 진행한다. 이때 항상 모발의 각도는 두피에서 90°를 유지할 수 있도록 한다.

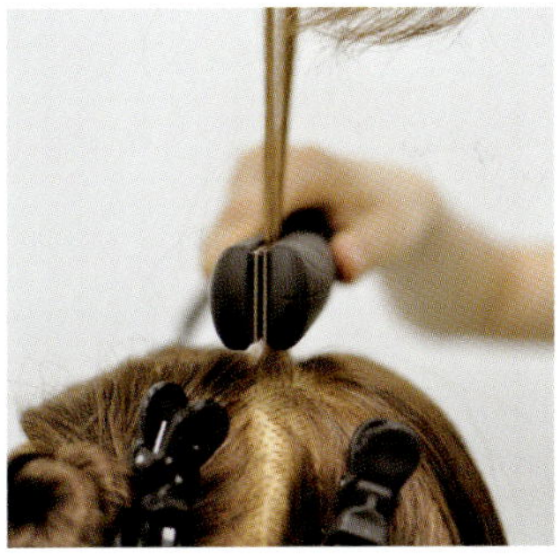

11 뿌리부분을 먼저 두피에서 90°로 시술한다.

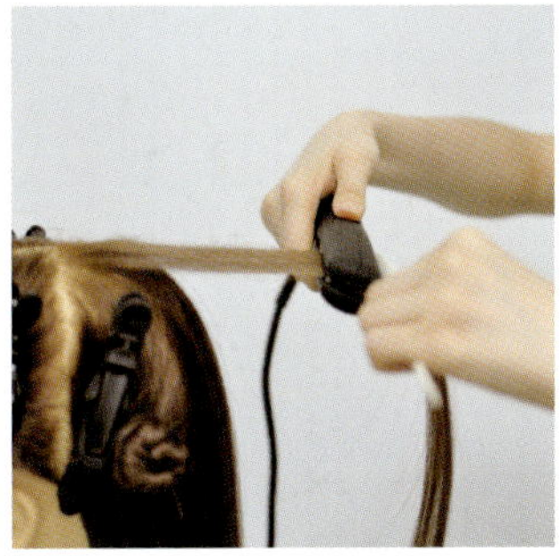

12 뿌리부분 시술이 끝나면 시술자가 시술하기 편하게 각도를 내려서 한다.

13 천천히 뜸을 들여 주며 빗과 함께 시술한다.

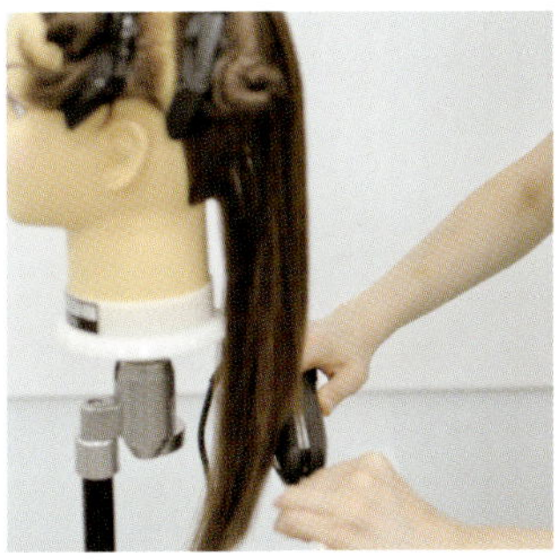

14 모발 끝까지 진행한다.

15 플랫 아이론을 이용한 스트레이트 시술 시 모발이 꺾이지 않도록 항상 모발과 아이론이 평행하게 시술해야 한다.

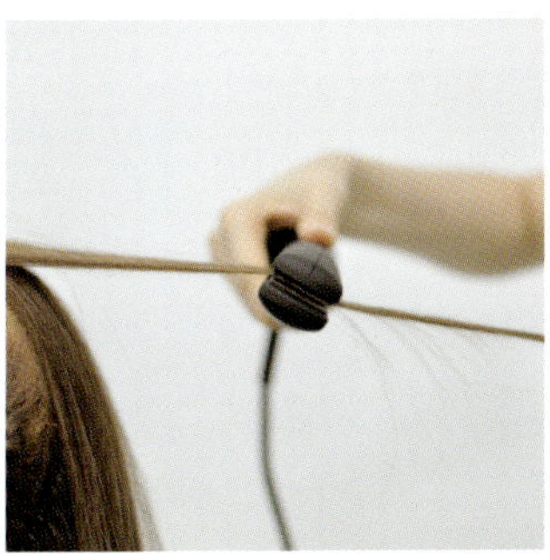

16 잘못된 시술방법 1

17 잘못된 시술방법 2

18 백중앙 완성 뒷모습

19 모발의 윤기가 유지될 수 있도록 반복 시술하지 않는다.

20 백중앙 완성 옆모습

21 같은 방법으로 시술한 백 부분 완성 뒷모습

22 사이드도 동일한 방법으로 시술하여 완성한다.

디자인 실습

주 제					
반		학 번		성 명	
디자인 이미지					

섹션		
	앞	우
	좌	뒤
파팅	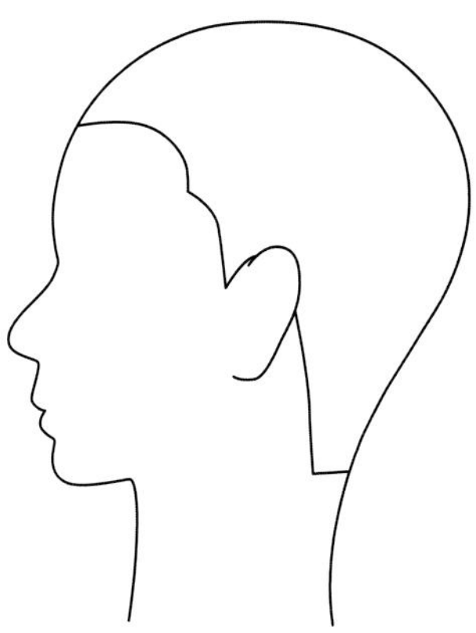	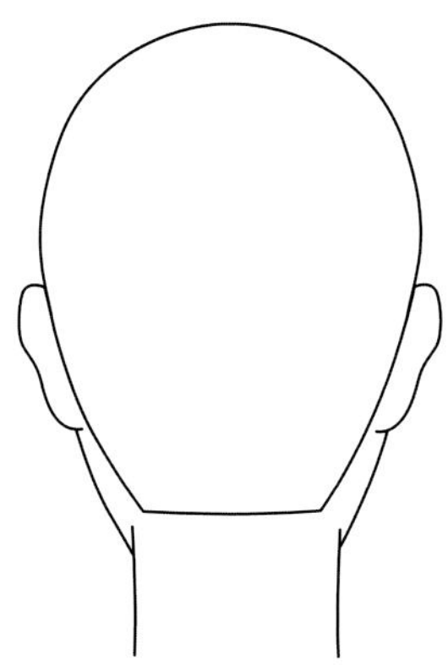

완성		
	앞	우
	좌	뒤
설명		

BLOW DRY AND IRON

블로우 드라이 및 아이론

14

제14강
아이론 테크닉 2
S컬 기법 디자인의 이해

학습목표_

롱 헤어에 플랫 아이론을 사용하여 웨이브를 연출한다.
세로 파팅을 사용하고 S컬 웨이브의 방향과 형태를 이해한다.

플랫아이론-S컬 리버스

긴 기장의 헤어로 아이론으로 웨이브를 만들어주는 스타일이다. 여성스럽고 섹시한 느낌을 동시에 연출할 수 있다. 웨이브의 방향은 바깥쪽으로 향하게 하여 원하는 크기의 웨이브를 만들어준다. 드라이에 비해 더 탄력있고 깔끔한 웨이브를 만들 수 있다.

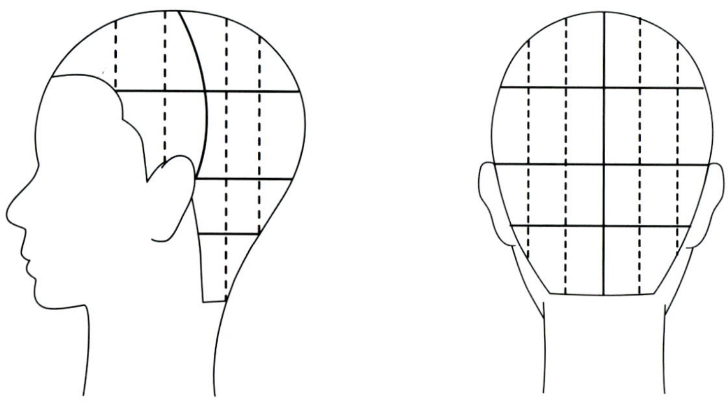

파 팅

KEY POINT

- 모발의 수분을 모두 말린 후에 시술한다.
- 모발의 손상도에 따라 아이론의 온도를 조절한다.
- 모발 끝 바깥 말음 시 아이론 자국이 남지 않도록 주의한다.
- 모발의 기장이 길어 바깥 말음의 방향성이 불안정하므로 주의한다.
- 모발에서 아이론을 빼주는 속도를 균일하게 한다.
- 속도에 따라 웨이브의 탄력을 조절할 수 있다.

완성 앞

완성 우

완성 좌

완성 뒤

섹션 앞

섹션 우

섹션 좌

섹션 뒤

시술 전 앞

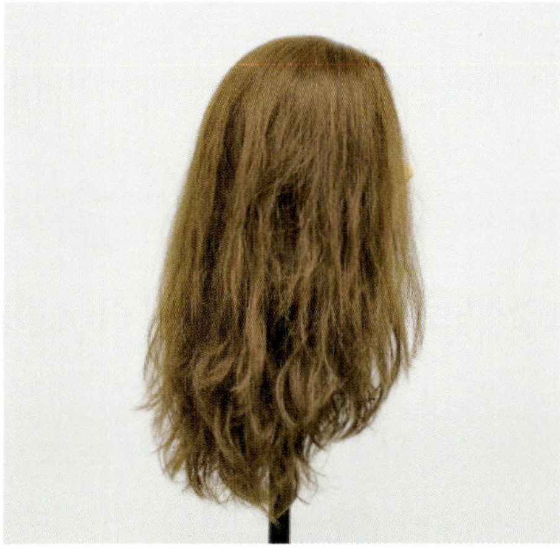
시술 전 우

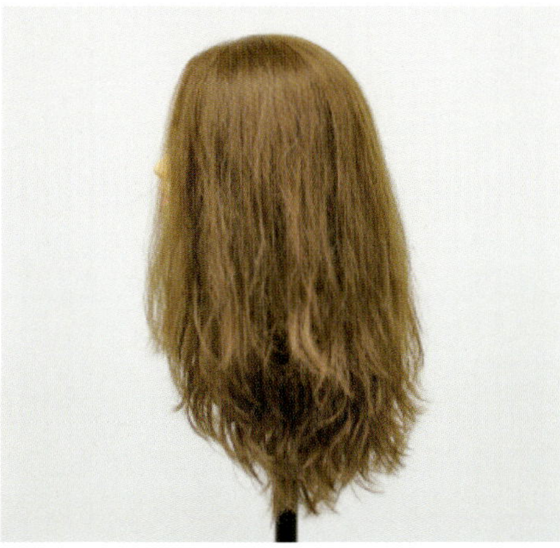
시술 전 좌

시술 전 뒤

1 네이프 오른쪽부터 세로 파팅으로 2등분한다.

2 플랫 아이론을 이용하여 모발을 정리한 다음 웨이브 시작지점에 아이론을 살짝 집어준다.

3 아이론을 1/2 회전하며 모발 끝을 베이스 아래쪽으로 빼준다.

4 아이론을 다시 1/2 회전하며 모발 끝을 밖으로 빼준다.

5 왼손으로 머리끝을 잡고 천천히 뜸을 들이며 아이론을 빼준다. 이때 아이론을 빼주는 속도가 균일해야 균일한 웨이브가 형성된다.

6 모발 끝까지 오면 왼손으로 모발 안쪽을 잡고 끝까지 같은 속도로 빼준다.

7 아이론을 잡은 손에 과도한 힘이 들어가면 갑자기 빠지는 경우가 있으니 주의한다.

8 네이프 오른쪽 S컬 완성모습

9 탑부분까지 같은 방법으로 진행한다.

10 아이론을 1/2 회전하며 모발 끝을 베이스 아래쪽으로 위치한 후 다시 1/2 회전하며 모발 끝을 밖으로 빼준다.

11 균일한 속도로 시술한다.

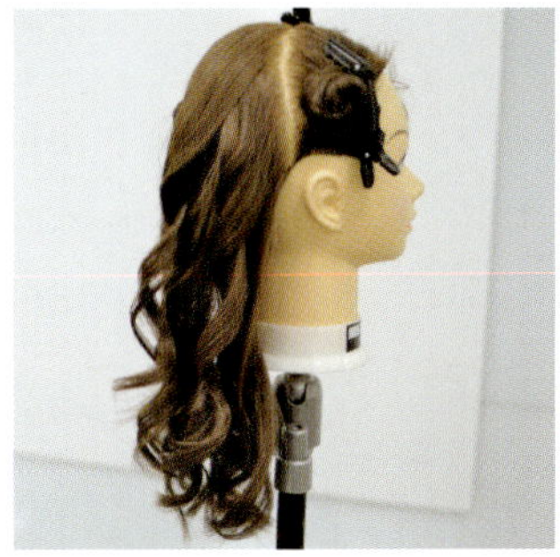

12 백 오른쪽 S컬 완성모습

13 백 오른쪽 S컬 완성모습

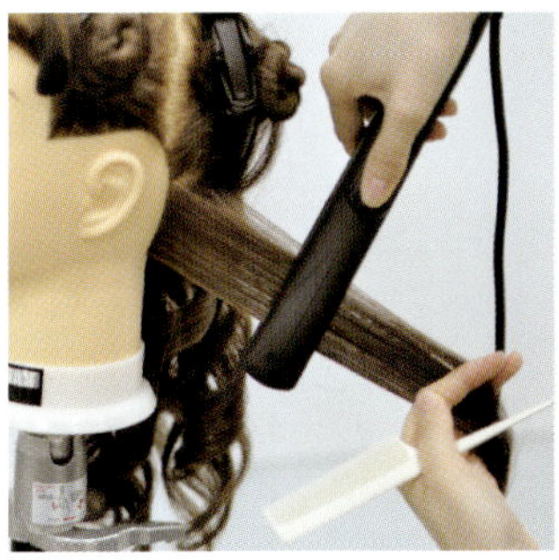

14 네이프 왼쪽은 방향이 바뀌었을 뿐 오른쪽과 같은 방법으로 시술한다.

15 아이론을 1/2 회전하며 모발 끝을 베이스 아래쪽으로 빼준다. 반대 방향임을 인지하며 진행한다.

16 아이론을 다시 1/2 회전하며 모발 끝을 밖으로 빼준다.

17 왼손으로 머리끝을 잡고 천천히 뜸을 들이며 아이론을 빼준다.

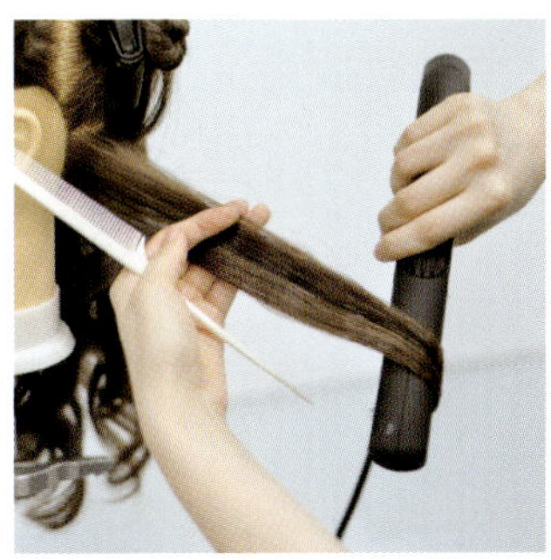

18 모발 끝까지 균일한 속도로 진행한다.

19 네이프 왼쪽 S컬 완성모습

20 탑부분까지 같은 방법으로 진행한다.

21 오른쪽과 같은 방법으로 시술한다.

22 백부분 S컬 완성모습

23 왼쪽과 오른쪽 사이드부분도 같은 방법으로 시술한다.

24 S컬 완성모습

25 왼쪽사이드 아랫부분 S컬 완성모습

26 왼쪽사이드 S컬 완성모습

디자인 실습					
주 제					
반		학 번		성 명	
디자인 이미지					

구분		
섹션		
	앞	우
	좌	뒤
파팅	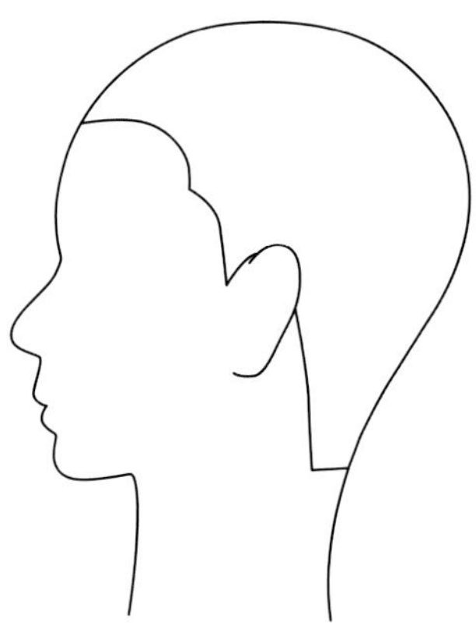	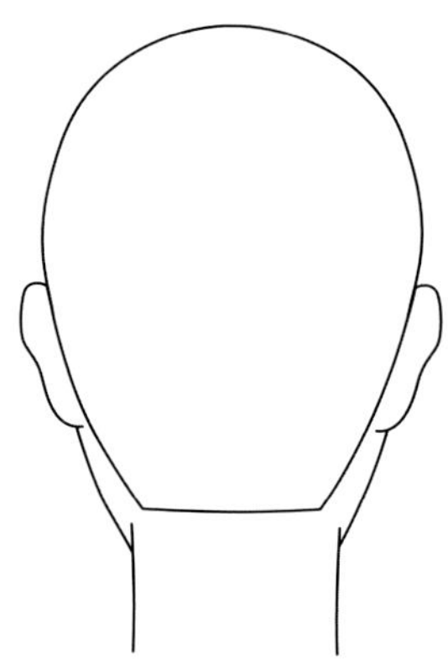

<table>
<tr><td rowspan="4">완성</td><td></td><td></td></tr>
<tr><td>앞</td><td>우</td></tr>
<tr><td></td><td></td></tr>
<tr><td>좌</td><td>뒤</td></tr>
<tr><td>설명</td><td colspan="2"></td></tr>
</table>

BLOW DRY AND IRON

블로우 드라이 및 아이론

제15강
아이론 테크닉 3(보강주) 혼합형 디자인의 이해

15

학습목표_

롱 헤어에 원형 아이론을 사용하여 웨이브를 연출한다.
전대각과 후대각 파팅을 혼합하여 사용한다.
각 파팅에 맞는 리버스, 포워드 웨이브를 연출한다.
혼합 웨이브의 전체적 형태와 흐름을 이해한다.

원형 아이론-S컬 혼합

긴 기장의 헤어로 원형 아이론을 사용해 웨이브를 만들어 주는 스타일이다. 컬의 방향을 혼합하므로 자연스러운 웨이브를 만들어 줄 수 있다. 다양한 굵기의 원형 아이론으로 원하는 크기의 웨이브 연출을 할 수 있고, 플랫 아이론에 비해 더 자연스러운 웨이브를 연출한다. 웨이브의 방향을 혼합하여 웨이브를 형성한다.

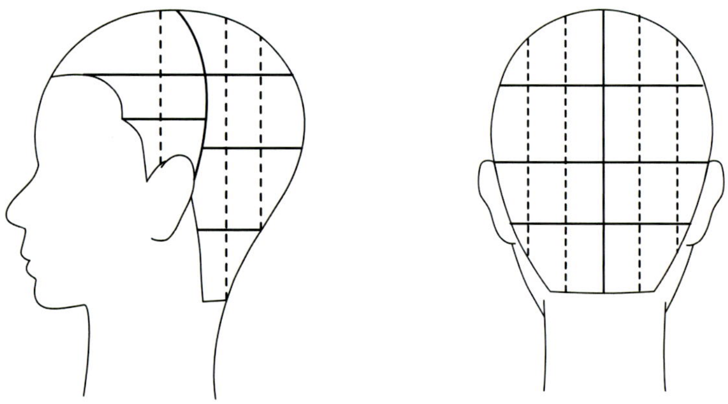

파 팅

KEY POINT
• 모발의 수분을 모두 말린 후에 시술한다. • 모발의 손상도에 따라 아이론의 온도를 조절한다. • 각 섹션마다 방향을 주의한다. • 속도에 따라 웨이브의 탄력을 조절할 수 있다.

완성 앞

완성 우

완성 좌

완성 뒤

섹션 앞

섹션 우

섹션 좌

섹션 뒤

시술 전 앞

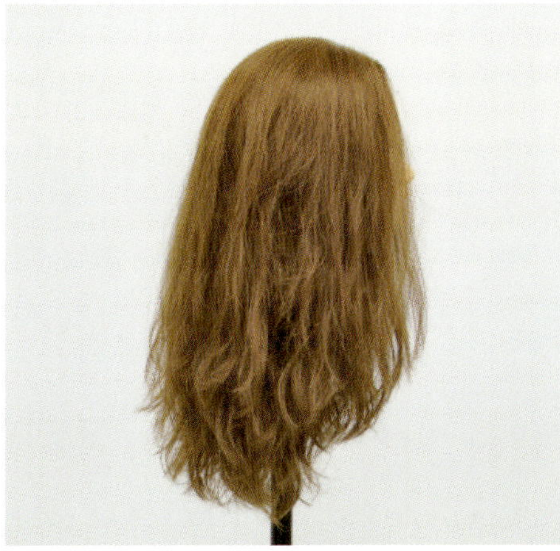

시술 전 우

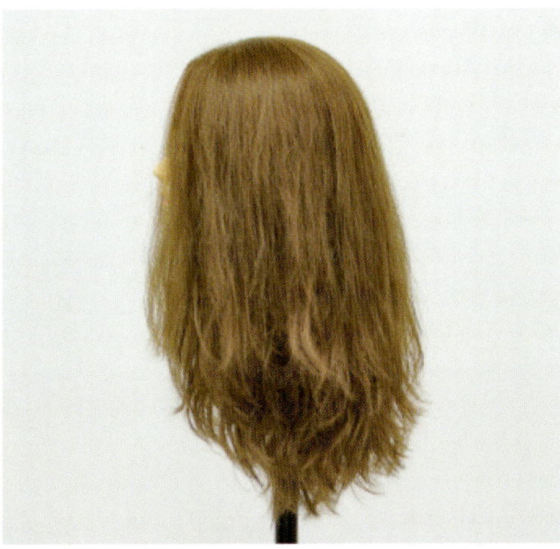

시술 전 좌

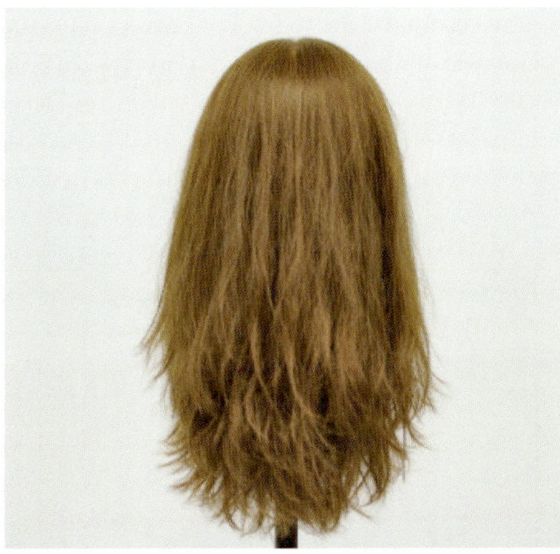

시술 전 뒤

1 네이프 왼쪽부터 오른쪽으로 진행한다.

2 세로 파팅으로 4등분하여 왼쪽부터 시작한다.

3 모발을 두상에서 90°로 하고 아이론을 모발과 직각으로 교차한다.

4 아이론의 글러브를 닫고 모발을 아래쪽으로 하여 아이론과 모발을 함께하여 한 바퀴 말아준다.

5 이때 모발이 꼬이지 않도록 주의하며, 아이론 둘레의 1/2만큼씩 밖으로 빼주고 뜸을 들인 후 모발과 함께 아이론을 말아준다.

6 계속하여 모발이 꼬이지 않게 1/2바퀴씩 빼주며 뜸들인 후 말아주는 것을 반복한다.

7 머리끝까지 시술한 후 살짝 뜸을 들인 후 아이론을 빼준다.

8 네이프 부분 S컬 웨이브 완성

9 백부분은 오른쪽부터 시작하여 왼쪽으로 진행한다.

10 백부분은 세로 파팅으로 5등분하여 오른쪽부터 진행한다.

11 네이프와는 반대방향으로 진행하기 때문에 아이론의 방향도 아래쪽에서 위쪽을 향하게 하여 모발과 직각이 되도록 교차한다.

12 S컬을 만드는 방법은 네이프와 동일하게 시술한다.

13 모발이 꼬이지 않도록 하여 1/2바퀴씩 빼주며 뜸들인 후 말아주는 것을 반복하여 모발 끝까지 시술한다.

14 백부분 S컬 웨이브 완성모습

15 골덴부분은 세로파팅으로 6등분하여 왼쪽에서 오른쪽으로 네이프와 같은 방법으로 S컬웨이브를 완성한다.

16 탑 부분은 한쪽 방향으로 하지 말고 대칭되는 리버스 웨이브를 완성한다.

17 오른쪽 사이드 부분은 아랫부분을 세로 파팅으로 2등분하여 리버스 방향으로 시술한다.

18 사이드 윗부분은 세로 파팅으로 2등분하여 포워드 방향으로 시술한다.

19 프론트 부분은 세로 파팅으로 2등분하여 리버스 방향으로 시술한다.

20 오른쪽 사이드부분 S컬 웨이브 완성모습

21 왼쪽도 오른쪽과 마찬가지로 아래쪽부터 리버스, 포워드, 리버스 방향 순으로 시술한다.

22 혼합형 S컬 웨이브 완성 앞모습

23 혼합형 S컬 웨이브 완성 옆모습

24 혼합형 S컬 웨이브 완성 옆모습

25 혼합형 S컬 웨이브 완성 뒷모습

디자인 실습

주 제					
반		학 번		성 명	
디자인 이미지					

섹션		
	앞	우
	좌	뒤
파팅	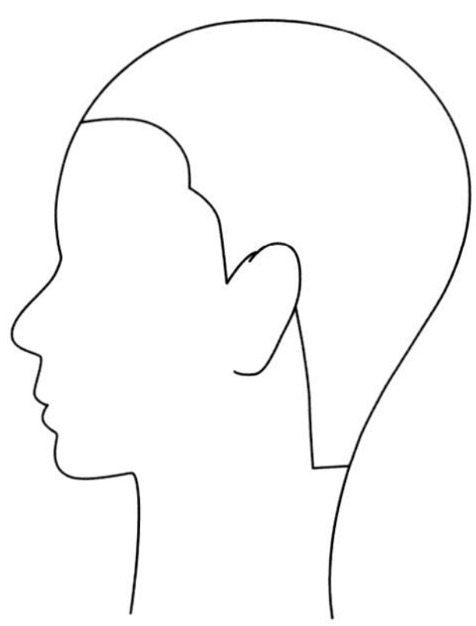	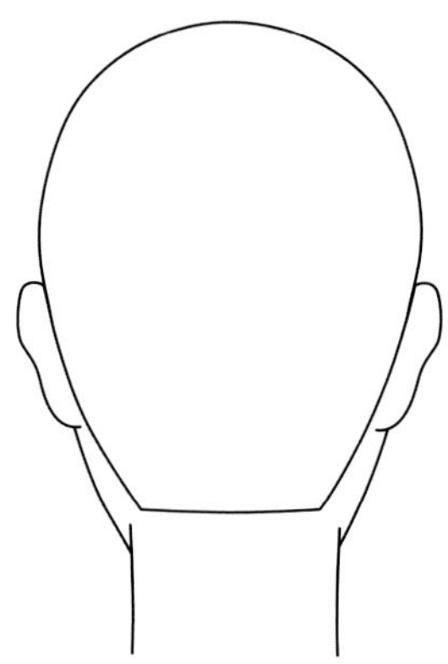

완성		
	앞	우
	좌	뒤
설명		

BLOW DRY AND IRON

블로우 드라이 및 아이론

제16강 기말고사

16

학습목표__

실습한 테크닉들을 연습하여 정확히 숙지한 후 기말고사에 대비한다.

블로우 드라이 테크닉

스트레이트 기법

인컬 기법(Long)

인컬 기법(Medium)

아웃컬 기법

세로 웨이브(후대각-포워드) 기법

세로 웨이브(전대각-리버스) 기법

아이론 테크닉

플랫 아이론-스트레이트

플랫 아이론-S컬 기법

원형 아이론-S컬 혼합

<table>
<tr><th colspan="4">실기평가</th></tr>
<tr><td>반</td><td></td><td>학 번</td><td></td></tr>
<tr><td>제출일</td><td></td><td>성 명</td><td></td></tr>
<tr><td>주 제</td><td colspan="3"></td></tr>
<tr><td rowspan="4">섹션</td><td></td><td colspan="2"></td></tr>
<tr><td>앞</td><td colspan="2">우</td></tr>
<tr><td></td><td colspan="2"></td></tr>
<tr><td>좌</td><td colspan="2">뒤</td></tr>
<tr><td>파팅</td><td></td><td colspan="2">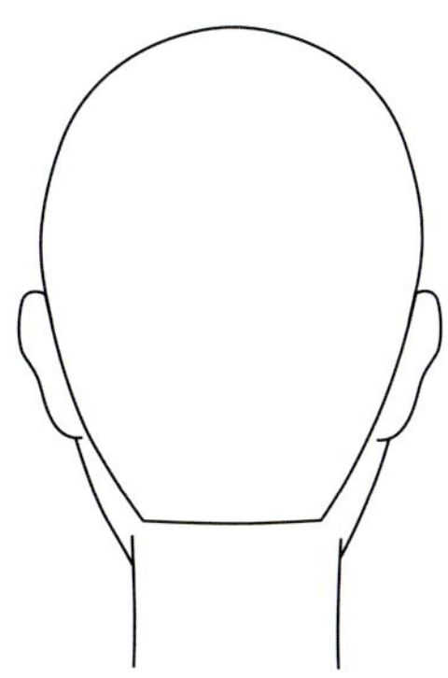</td></tr>
</table>

<table>
<tr><td rowspan="4">완성</td><td></td><td></td></tr>
<tr><td>앞</td><td>우</td></tr>
<tr><td></td><td></td></tr>
<tr><td>좌</td><td>뒤</td></tr>
<tr><td>주제
설명</td><td colspan="2"></td></tr>
</table>

BLOW DRY AND IRON

블로우 드라이 및 아이론

부록

부록 1 두상그림
부록 2 중간고사 모범답안지

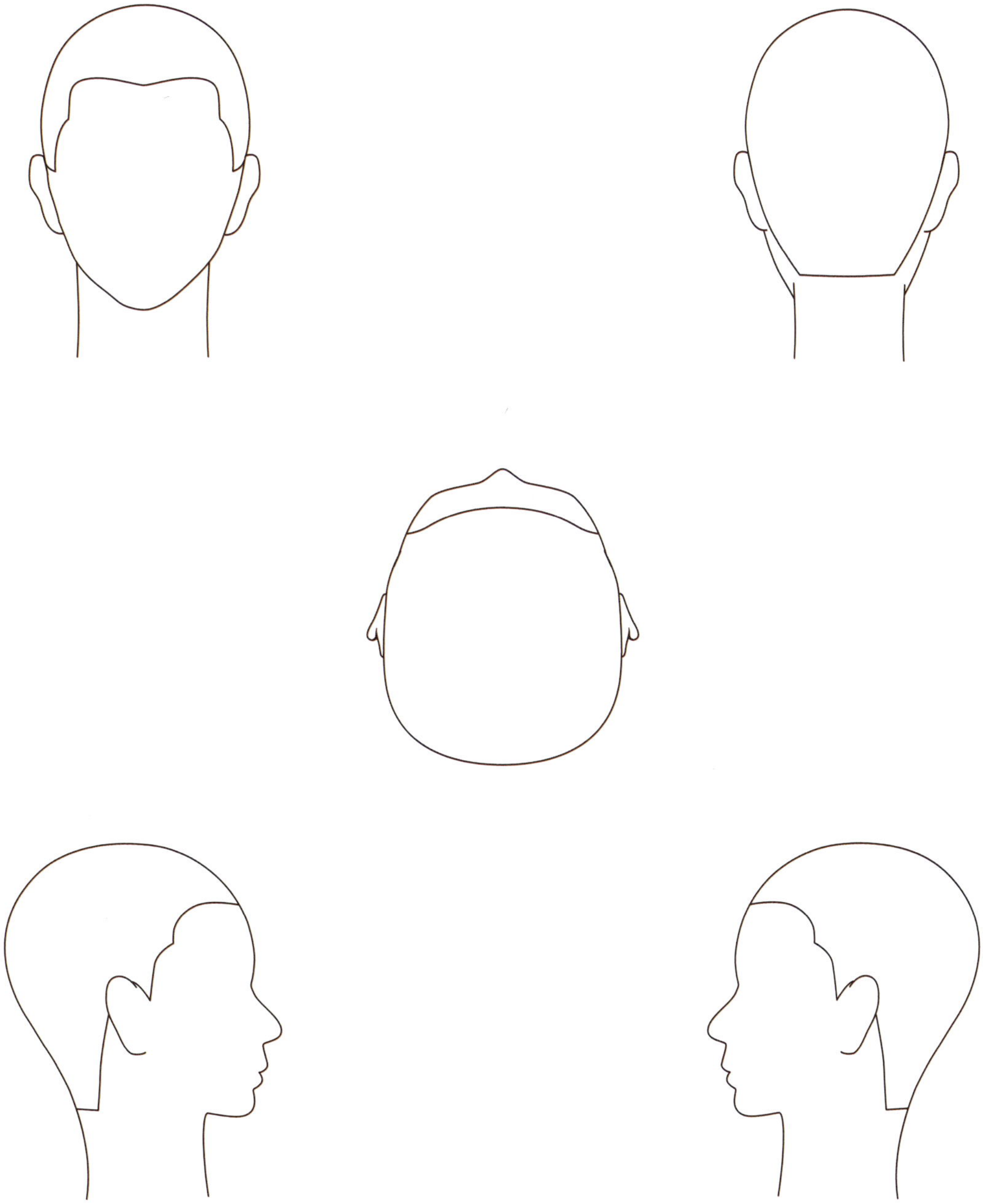

Notes

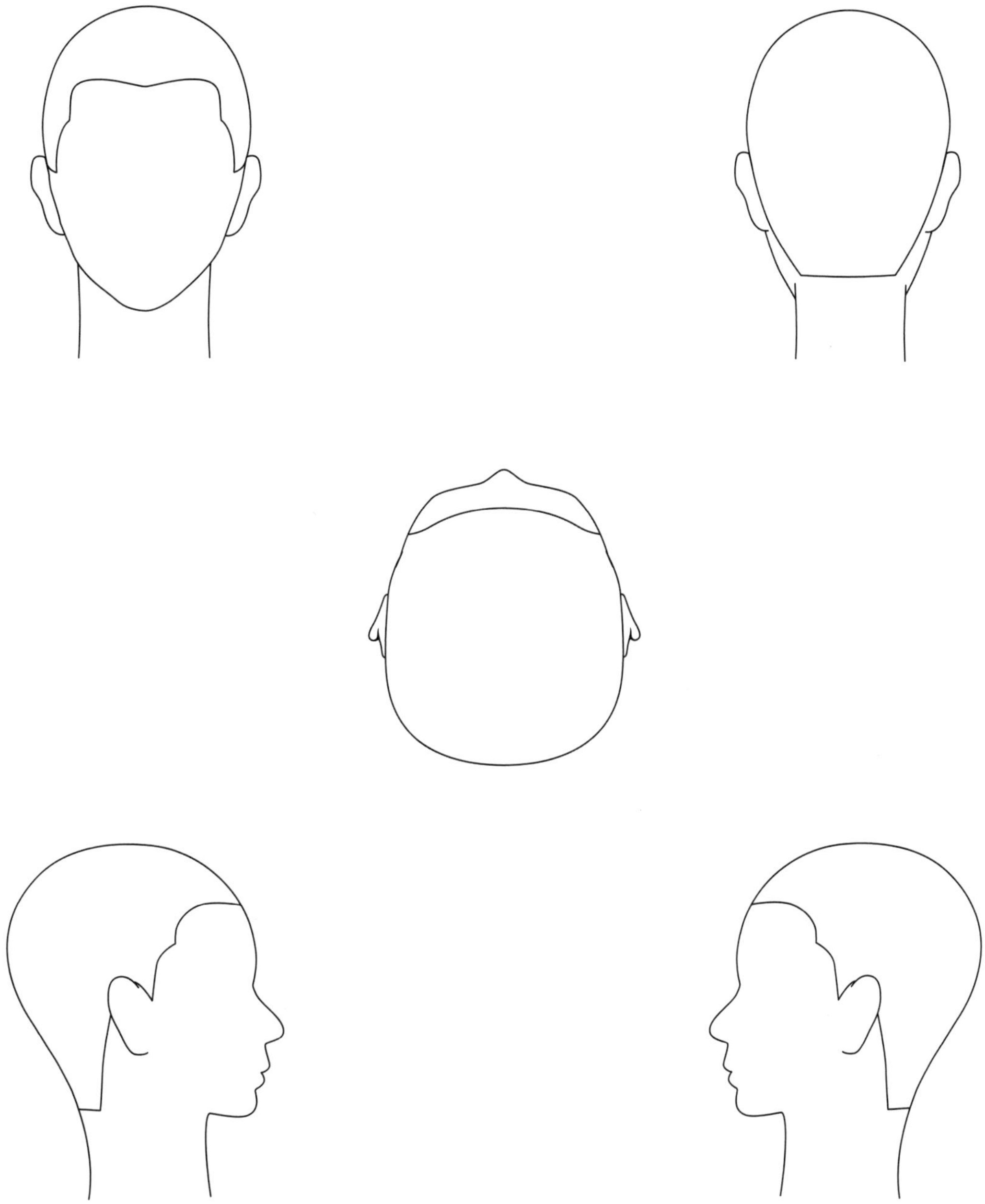

Notes

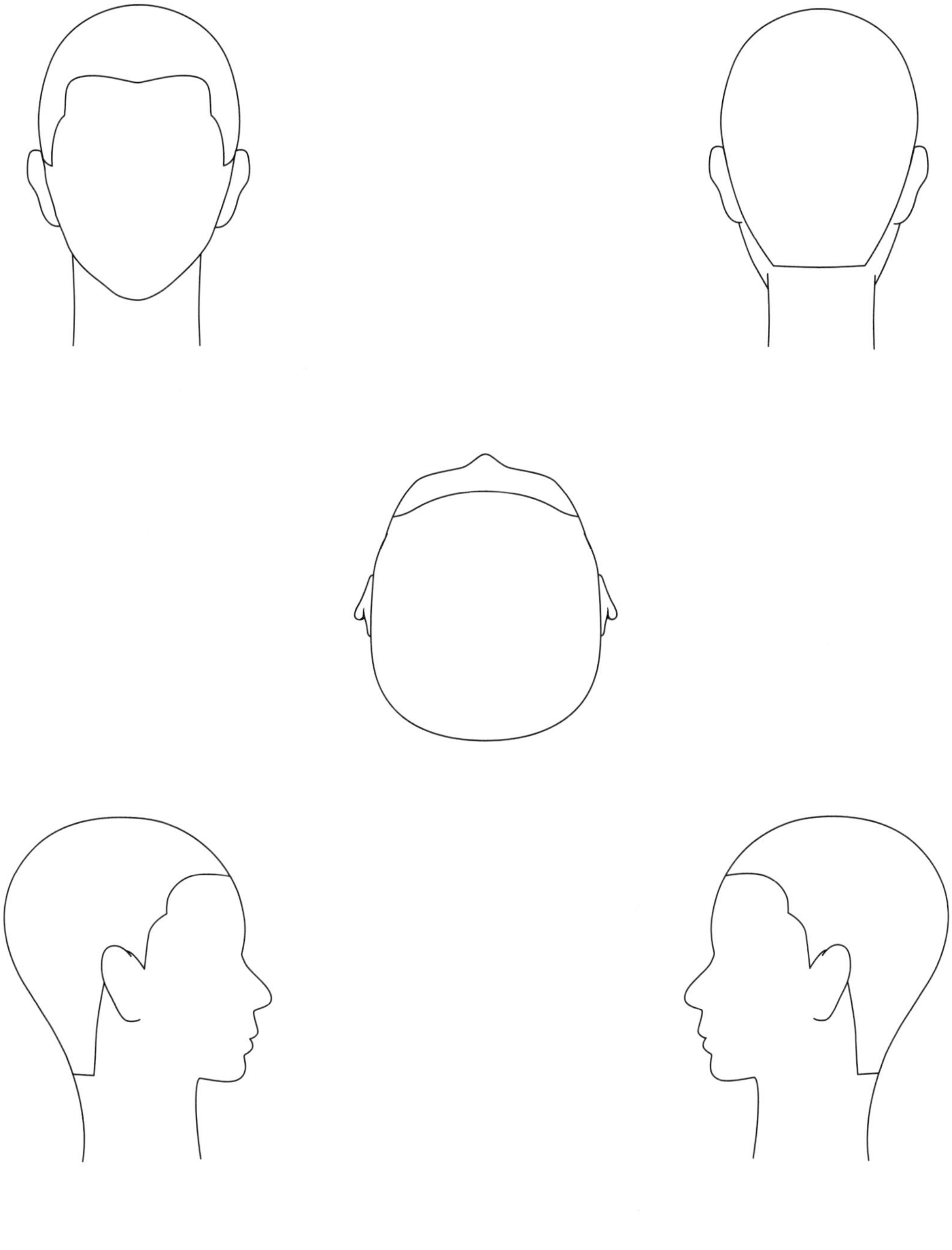

Notes

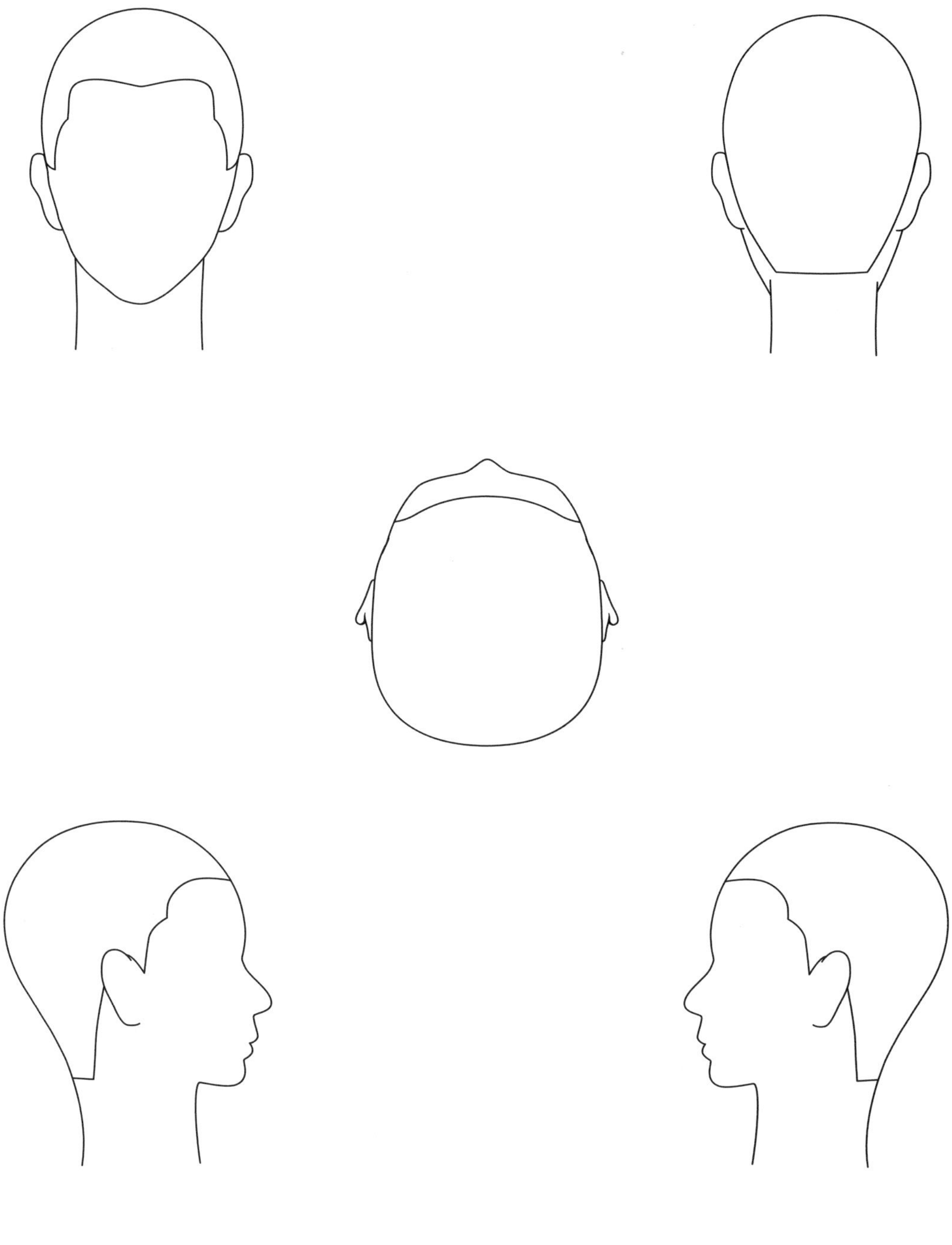

Notes

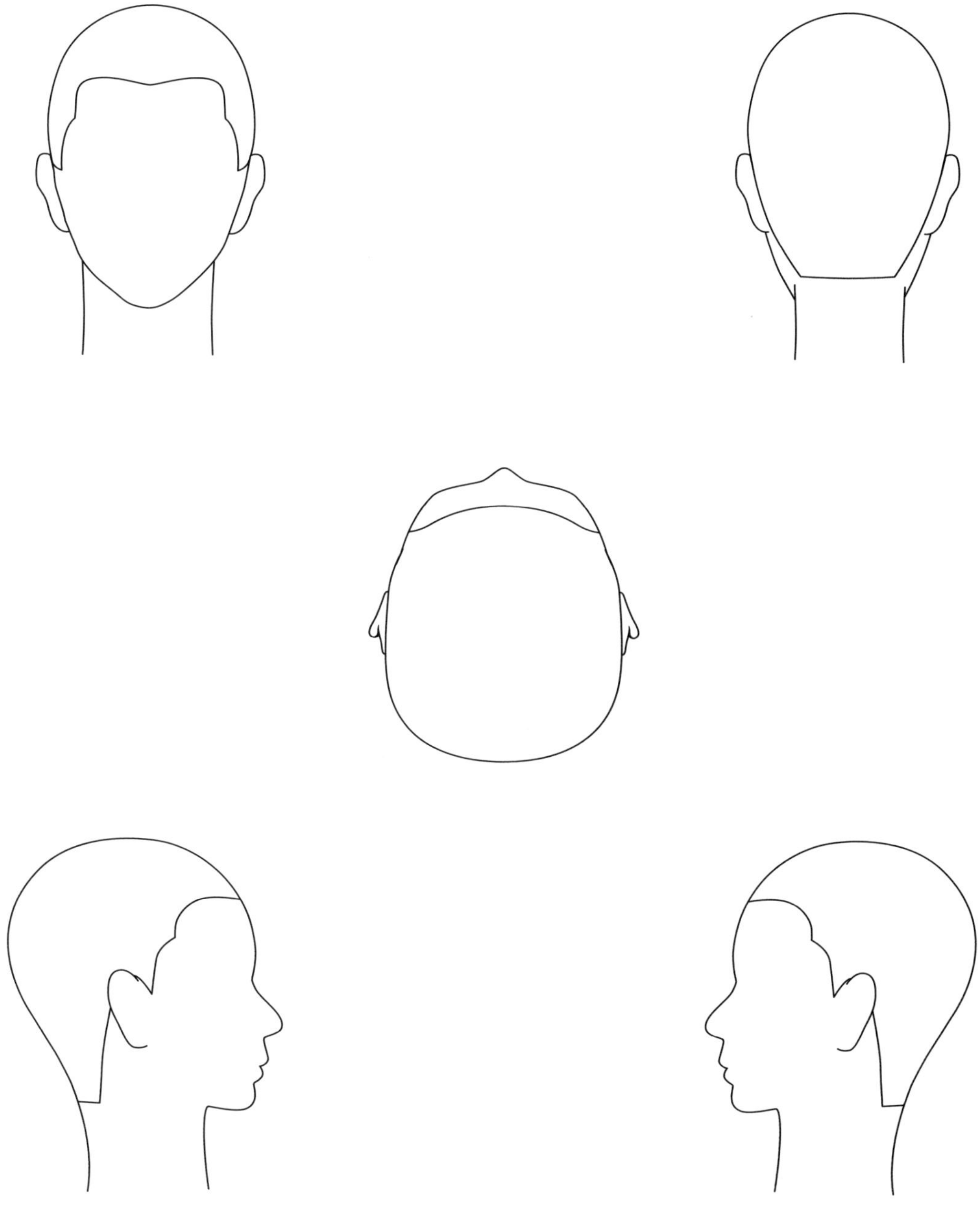

Notes

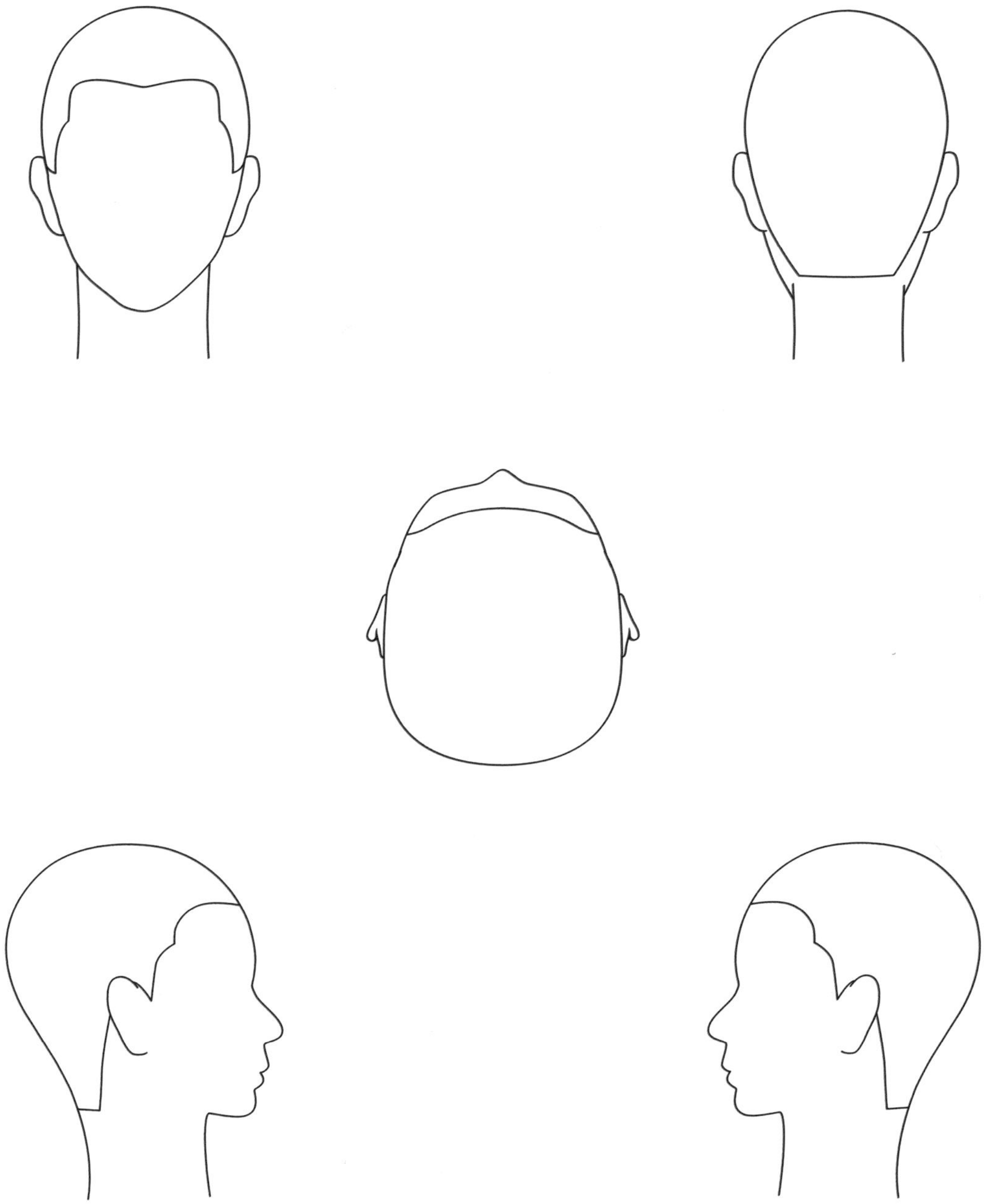

Notes

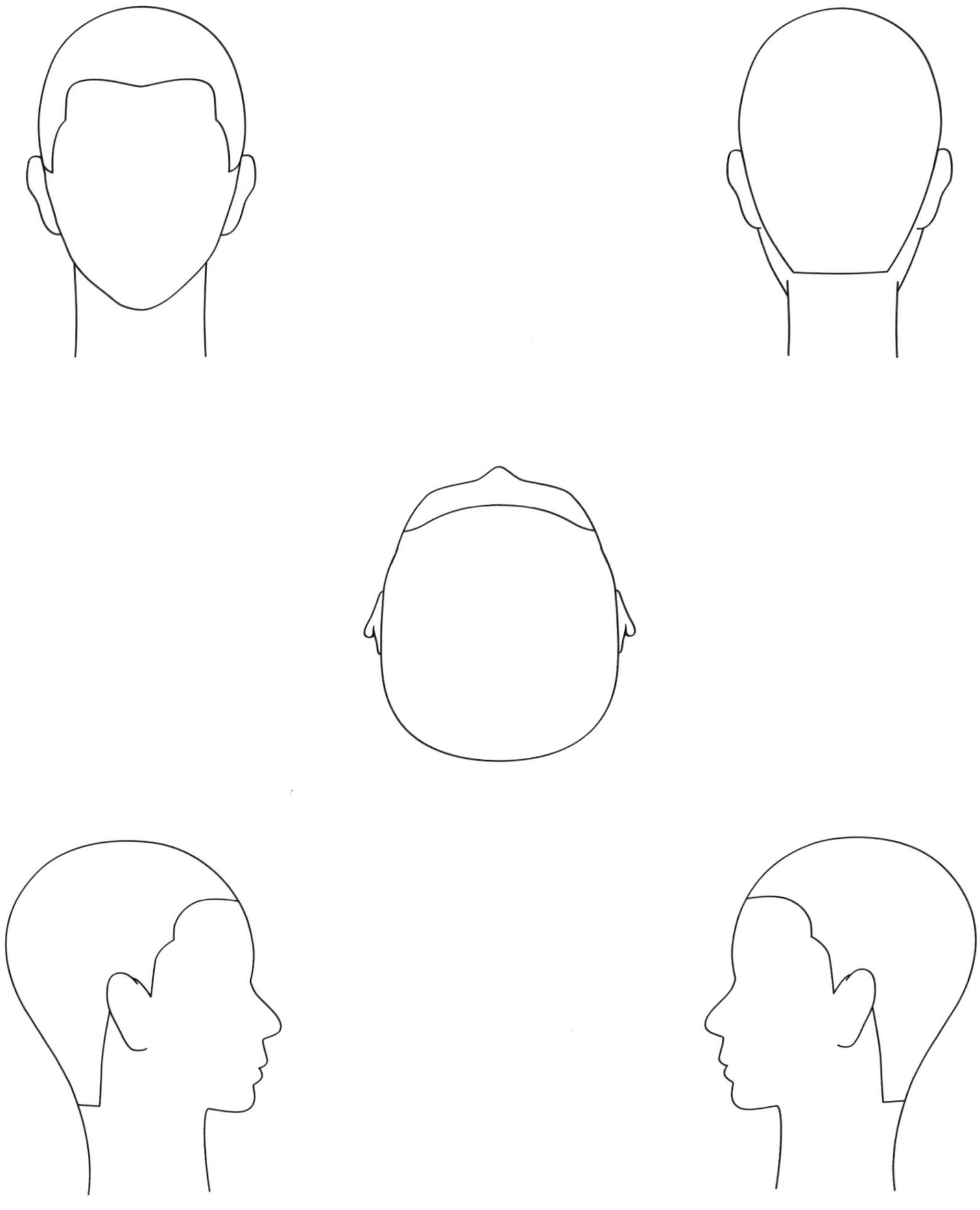

Notes

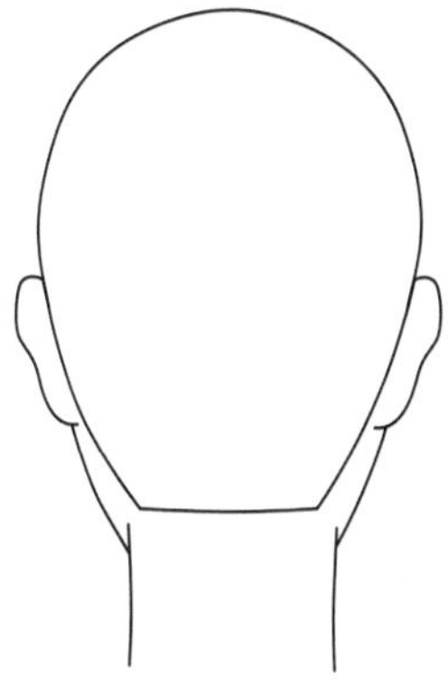

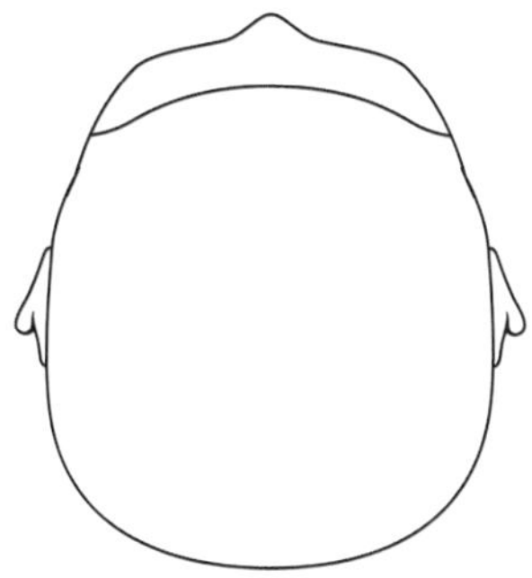

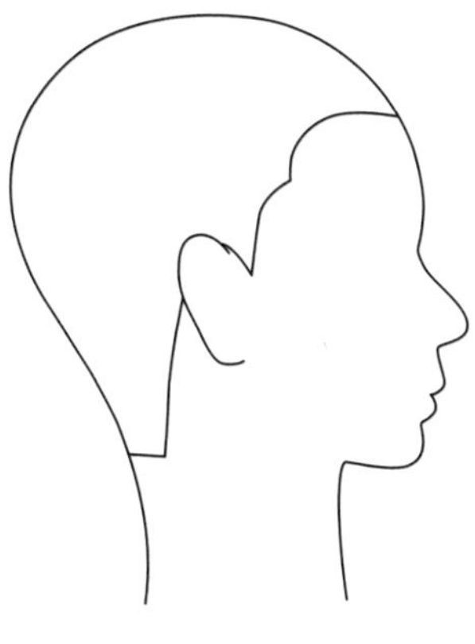

Notes

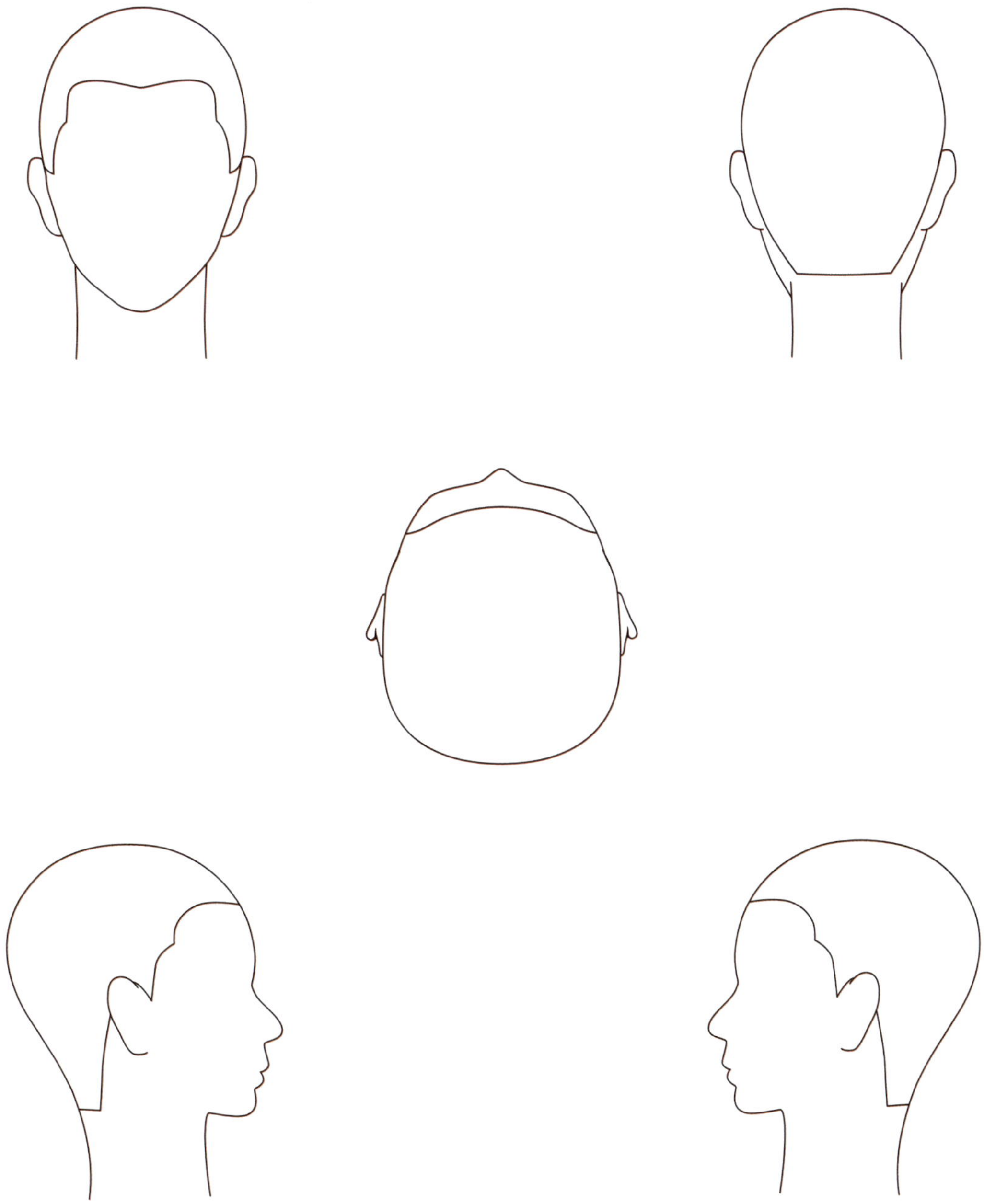

Notes

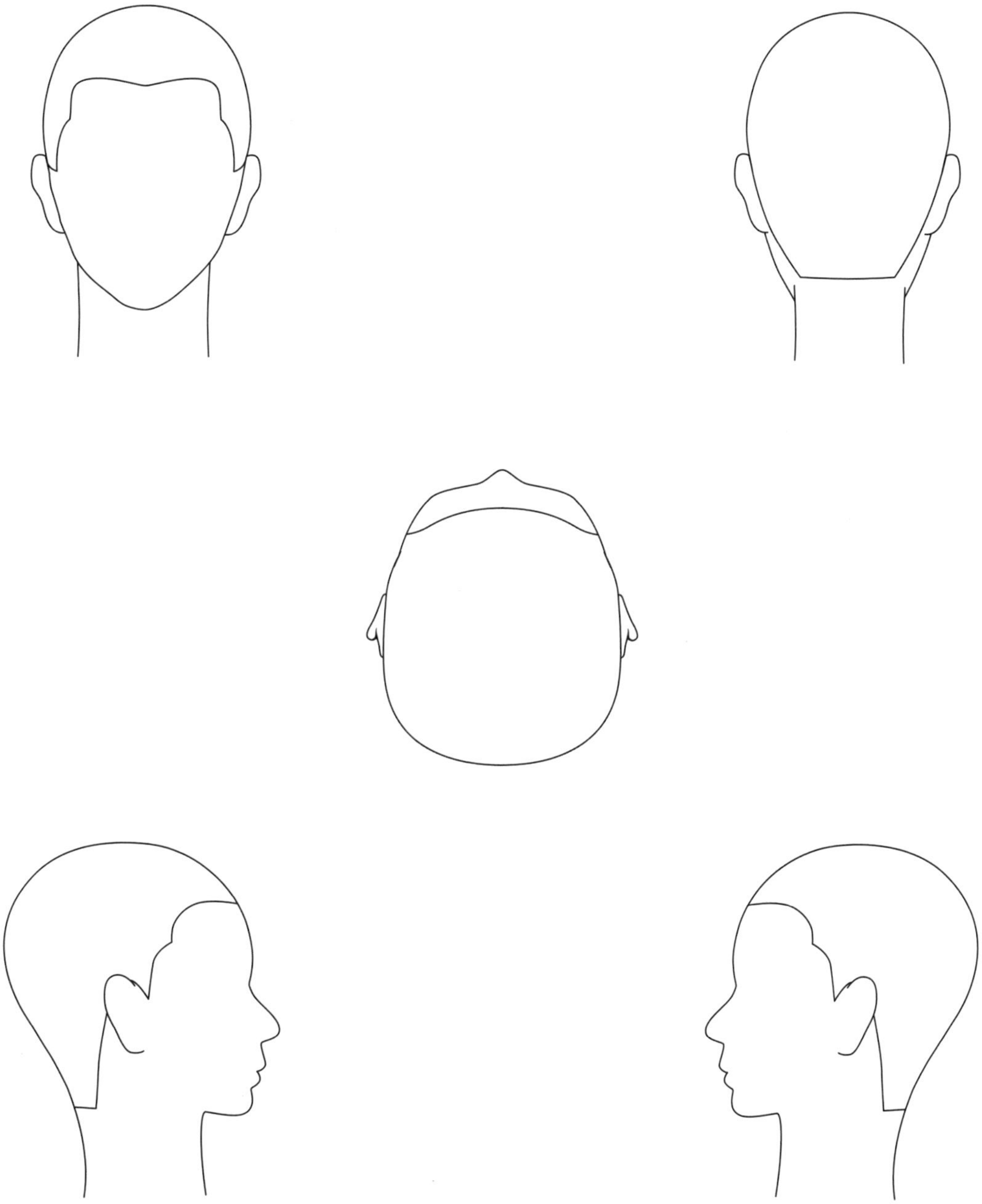

Notes

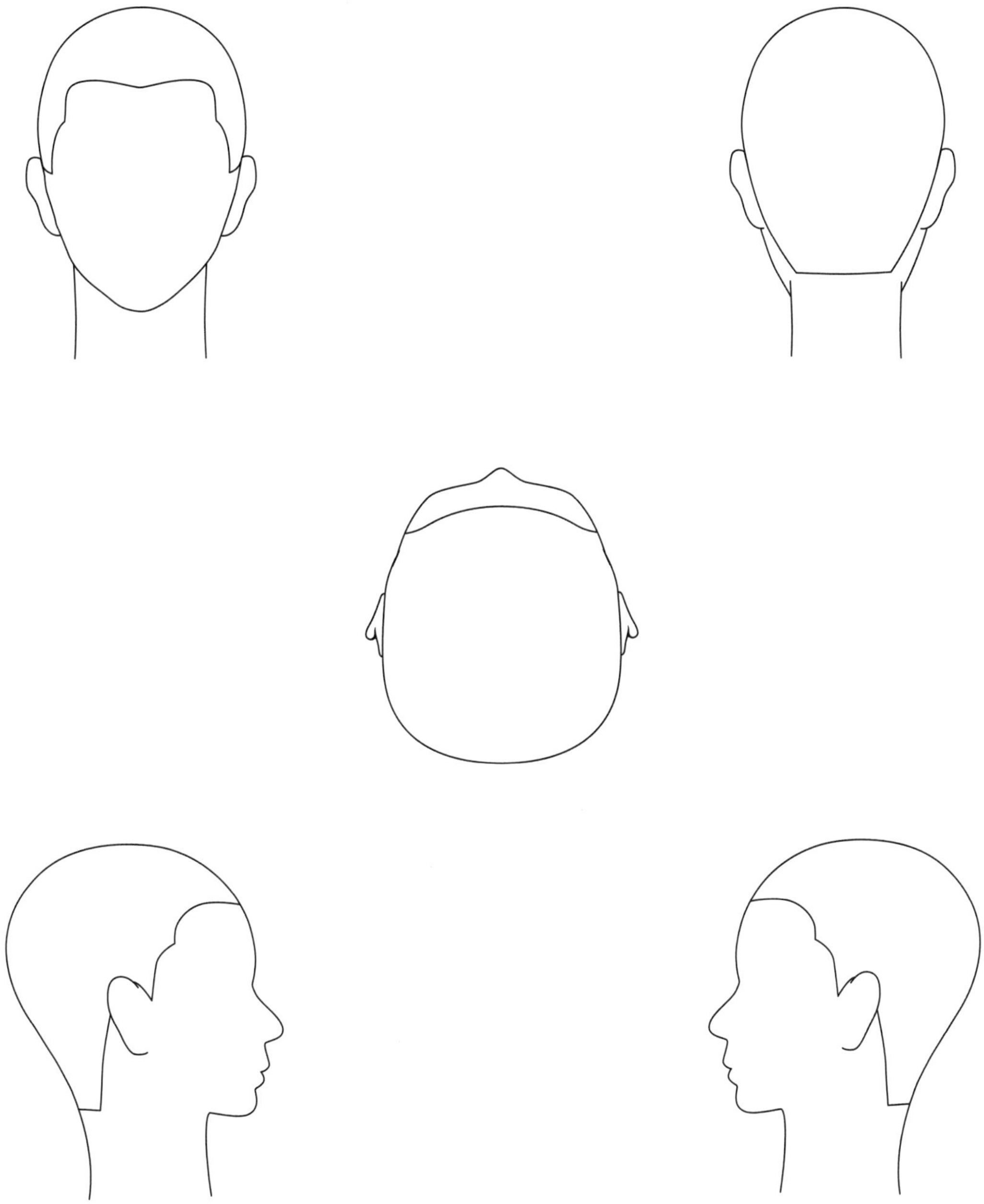

Notes

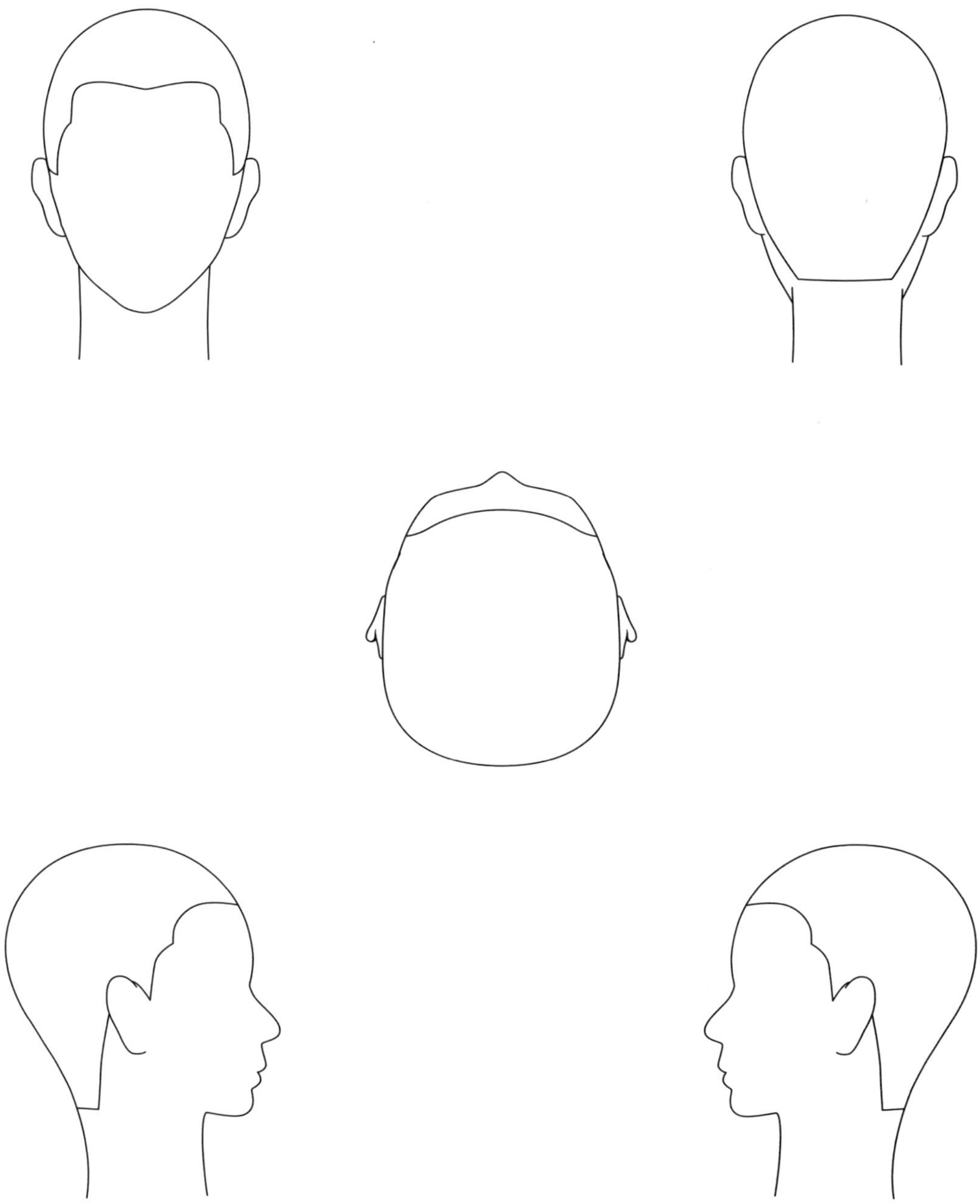

Notes

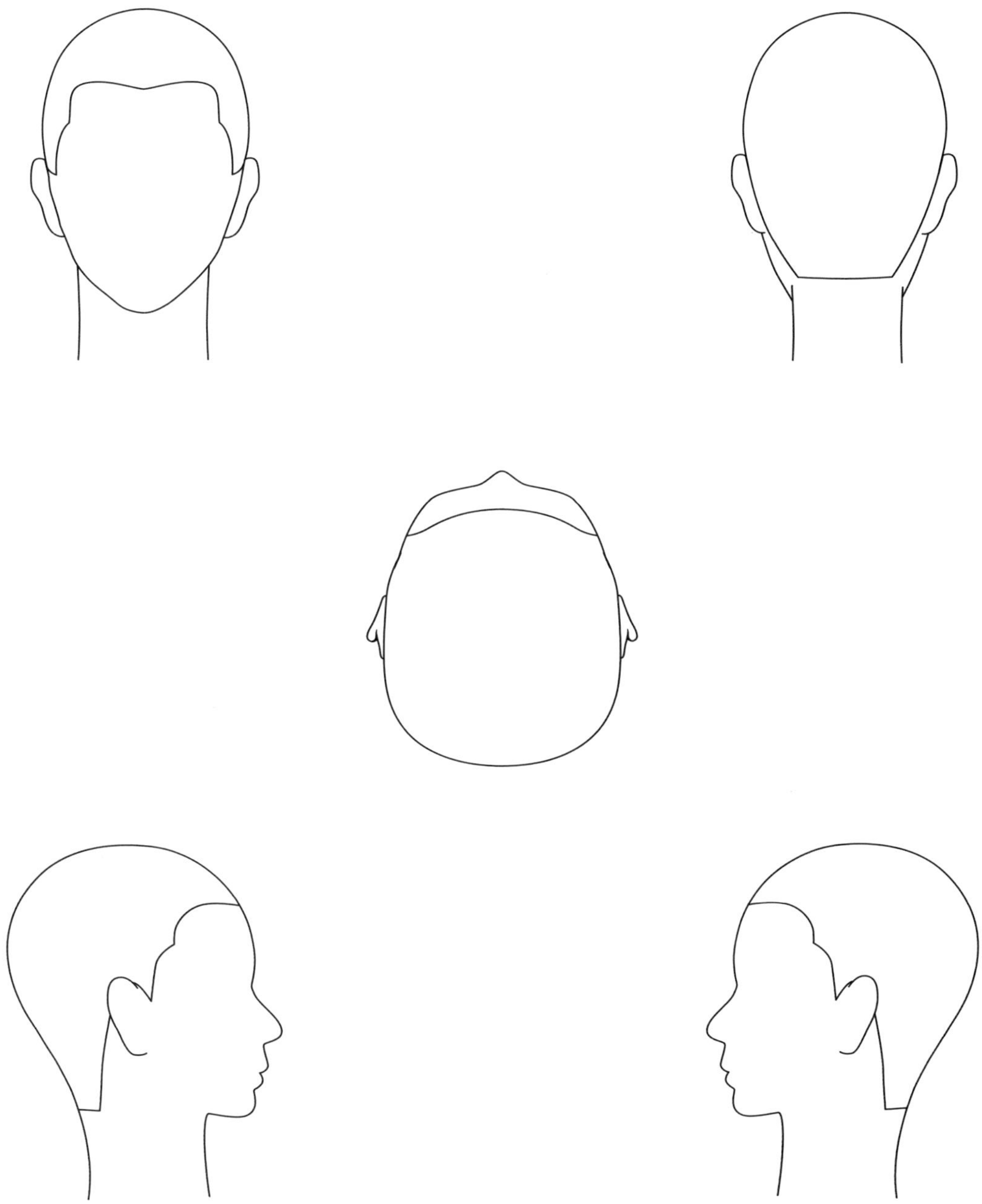

Notes

1 모발의 80~90%를 차지하고 피질세포와 간충물질로 구성되어 있으며 멜라닌 세포를 함유하고 있는 층은 무엇인가?

① 모표피 ❷ 모피질 ③ 모수질 ④ 모근부

2 모발의 중심부로 벌집 모양의 세포가 나열되어 있고 공기를 함유하고 있으며 모발의 보온에 관련되어 있는 층은 무엇인가?

① 모표피 ② 모피질 ❸ 모수질 ④ 모근부

3 다음이 설명하는 것은 무엇인가?

세포분열이 시작되는 곳으로 모세혈관과 자율신경이 분포되어 있으며 영양분과 산소를 운반한다.

→ 모유두

4 다음 중 설명이 틀린 것을 고르시오.

① 모낭 – 모근을 싸고 있는 내 · 외층 피막으로 된 작은 주머니이다.

❷ 모유두 – 모낭 옆에 자리하고 있어 피지를 분비시켜 모발과 두피의 윤기 및 보호 역할을 해준다.

③ 모구 – 모구 밑의 둥근 부분으로 모유두와 연결되어 있다.

④ 모모세포 – 모유두로부터 영양을 공급받아 세포분열과 증식이 이루어지면서 각화되어 위로 밀려 올라간다.

5 모발은 유전적 영향과 인종에 따라 형상이 다른데 모발의 단면에 따라 구분된다. 그 중 피부표면으로부터 비스듬히 자라난 형태의 모발로 단면이 타원형으로 웨이브가 있으며 주로 백인종에게 나타나는 것은 무엇인가?

① 직모 ❷ 파상모 ③ 축모 ④ 편모

6 다음 빈칸을 채우시오.

블로우 드라이는 드라이기의 (① 열)과 (② 바람)을 이용하여 모발을 구조적으로 변화시켜 원하는 헤어 스타일을 연출하는 (③ 일시적인 세트)로, 가장 기본적이면서 가장 완성도가 높은 시술 기법이다.

7 다음 중 드라이의 목적이 아닌 것은 무엇인가?

① 샴푸 후 젖은 모발을 건조 시키는데 목적이 있다.
② 커트, 퍼머, 염색 등의 시술 후 부족한 부분을 보완하여 헤어스타일의 완성도를 높이기 위한 목적이 있다.
③ 빠른시간 내에 머릿결을 정돈하고 헤어 스타일을 연출하기 위한 목적이 있다.
❹ 모발에 영구적인 웨이브를 형성하는데 목적이 있다.

8 모발이 물에 젖으면 모발 내의 결합이 일시적으로 끊어졌다가 수분이 증발하면 끊어졌던 결합이 다시 결합을 하게 된다. 이처럼 모발은 수분에 의해 절단과 결합을 반복하게 되는데 이는 모발의 결합 중 어떤 결합을 말하는가?

→ 수소 결합

9 다음 빈칸을 채우시오.

블로우 드라이는 드라이기의 (60℃) ~ (90℃)의 높은 열을 사용하여 모발의 구조에 변화를 주기 때문에 각별한 주의가 필요하다.

10 다음 빈칸을 채우시오.

블로우 드라이 시 모발의 함수율이 높을 때는 저온에서도 모발의 구조가 변하기 때문에 드라이 전에 반드시 (타올 드라이)를 충분히 해줘야 한다.

11 블로우 드라이 시 드라이 열에 의해 모발의 성질이 변하고 손상이 시작되는 온도는 몇도인가?

① 70℃ ❷ 100℃ ③ 130℃ ④ 190℃

12 다음 빈칸에 알맞은 것은?

모발은 약 ( ) 정도의 수분을 함유하고 있다. 드라이 시술 시 수분 함량은 중요한 역할을 하기 때문에 모발의 손상 정도에 따라 수분 함유량을 다르게 해야한다.

① 10~25% ② 10~20% ❸ 10~15% ④ 10%

중간고사
모범답안지

13 블로우 드라이 시 모발의 상태가 손상모일 때 시술 전 모발의 수분함량으로 맞는 것은?

❶ 모근-10%, 모간-25%, 모선-40%
② 모근-10%, 모간-35%, 모선-50%
③ 모근-10%, 모간-15%, 모선-30%
④ 모근-10%, 모간-35%, 모선-40%

14 블로우 드라이 시 볼륨이 불필요한 부분이나 모발 숱이 많아 다운시킬 때 용이하며 네이프에 사용되는 각도는 몇도인가?

❶ 45° ② 90° ③ 100° ④ 120°

15 두상은 둥근 형태를 하고 있기 때문에 모발의 각도는 매우 중요한 요소 중 하나이다. 가장 기본적으로 자연스러운 볼륨을 형성할 수 있는 각도는 몇도인가?

① 45° ❷ 90° ③ 100° ④ 120°

16 블로우 드라이 시 가장 큰 볼륨을 줄 때나 머리숱이 없을 때 사용하는 각도로 모선 끝의 방향성이 없는 특징을 갖는 각도는 몇도인가?

① 45° ② 90° ③ 100° ❹ 120°

17 이것은 블로우 드라이 요소 중 하나로 시술 시 사용하는 브러쉬가 모발을 잡아 당기는 힘을 말한다. 윤기있는 모발을 만들기 위해서는 모발 전체에 고르게 이것이 주어진 상태에서 롤의 회전이 되어야 한다. 이것이 고르게 들어가지 않으면 모발이 롤에 엉키게 되고 모발이 손상될 수 있다. 이것은 무엇인가?

→ 텐션

18 이것은 블로우 드라이 요소 중 하나로 모발의 윤기와 매끈함을 결정짓게 한다. 이것이 과도하게 되면 모발과 빗의 무리한 마찰로 인해 모발을 건조하게 하여 손상 및 정전기를 발생 시킨다. 이것은 무엇인가?

→ 속도

19 블로우 드라이의 요소를 모두 쓰시오.

→ 열, 수분, 각도, 텐션, 속도, 회전, 판넬의 폭, 세정

20 다음 빈칸을 채우시오.

1960년대 중반 프랑스에서 블로우 드라이가 시작되었는데 처음에는 (브러싱)이라 불리면서 사용되었다. 여성들의 사회적 진출로 인해 헤어스타일의 쉽고 빠른 손질을 위해 유용했다.

중간고사 모범답안지

21 블로우 드라이 시 전체적으로 균일하게 바람을 주어 모발을 말리는 도구로 퍼머를 한 모발을 흐트러짐 없이 말리고 간단한 스타일링을 할 수 있게 드라이 노즐에 끼워 사용하는 도구는 무엇인가?

→ 디퓨저

22 블로우 드라이 시 가장 보편적으로 사용하는 브러쉬로 다양한 스타일을 연출하는데 사용된다. 돈모와 나일론 가시가 혼합되어 있어 건강모, 곱슬모, 손상모 등에 사용하는 것은 무엇인가?

① 돈모 롤 브러쉬 ❷ 가시 돈모 롤 브러쉬
③ 가시 롤 브러쉬 ④ 메탈 롤 브러쉬

23 브러쉬 중 열에 강하고 튼튼하여 블로우 드라이 시 종종 사용되는데 간단한 모발의 흐름을 만들 때 유용하며 명칭이 제조회사명과 같은 브러쉬는 무엇인가?

❶ 덴맨 브러쉬 ② 벤트 브러쉬 ③ S자형 브러쉬 ④ 쿠션 브러쉬

24 아이론은 모발의 결합 중 어떤 결합을 변화시켜 헤어 연출을 하는 시술인가?

① 펩티드 결합 ② 폴리 펩티드 결합 ③ 시스틴 결합 ❹ 수소 결합

25 다음 빈칸을 채우시오.

아이론은 (120℃) ~ (200℃) 정도의 고열을 사용해 모발을 압착시켜 원하는 형태의 스타일을 만드는 일시적 세팅을 말한다.

26 다음 빈칸에 알맞은 것을 고르시오.

아이론은 (   ), (   ), (   )로 이루어져 있어 적당량의 모발을 압착시켜 원하는 형태의 헤어 스타일을 만들어낸다.

❶ 프롱, 그루브, 핸들
② 노즐, 그루브, 핸들
③ 컬, 그루브, 핸들
④ 마셀, 그루브, 핸들

27 아이론의 목적 중 틀린 것은?

① 형태를 보완하여 헤어 스타일의 완성도를 높이는데 목적이 있다.
② 소음과 열풍이 없이 스타일을 완성하는데 목적이 있다.
③ 블로우 드라이에 비해 높은 열을 사용하여 형태의 지속력을 높이는데 목적이 있다.
❹ 블로우 드라이에 비해 낮은 열을 사용하여 비교적 빠른 시간 안에 스타일을 완성하는데 목적이 있다.

28 현재 사용되고 있는 아이론들은 온도 조절장치가 있어 모발의 상태에 따라 온도를 조절하여 사용할 수 있어 모발의 손상을 줄일 수 있다. 모발이 팽화하기 시작하는 온도는 몇도인가?

❶ 120℃
② 140℃
③ 180℃
④ 270℃

29 다음 중 아이론의 장점이 아닌 것은?

① 모발에 윤기와 탄력성이 높아진다.
② 아이론의 크기에 따라 다양하게 연출 가능하다.
③ 스타일이 일시적이지만 오래 유지 가능하다.
❹ 웨이브만 연출이 가능하다.

중간고사 모범답안지

30 다음 중 아이론의 단점이 아닌 것은?

① 블로우 드라이보다 완성도가 부자연스럽다.

② 고열로 모발 손상의 위험이 높다.

❸ 높은 열을 사용할 수 있다.

④ 재시술 시 물의 재분무 후 드라이가 필요하다.

31 1870년 화열식의 마셀 아이론을 개발하여 마셀 웨이브를 유행시킨 인물은 누구인가?

→ 마셀 그라또

32 1990년 플랫(flat) 형태의 아이론이 보급되어 어떤 형태의 퍼머넌트가 유행이 되었나?

→ 스트레이트 퍼머넌트

33 아이론의 시초인 마셀 아이론은 불에 직접 가열하여 온도를 조절하는 방식으로 화열식 아이론이라 불렸다. 현재는 전기를 통해 온도를 조절하여 사용되고 있는데 이를 어떤 아이론이라 하는가?

→ 전열식 아이론

34 아이론 중 모근 볼륨을 만들 때 주로 사용하고 강한 웨이브를 연출할 때도 사용하는 아이론은 무엇인가?

→ 반원형 아이론(볼륨 아이론)

35 1870년 마셀 그라또에 의해 만들어진 아이론으로 불에 직접 가하여 온도를 조절해 사용하는 화열식 아이론으로 마셀 웨이브를 유행시킨 이 아이론은 무엇인가?

→ 마셀 아이론

36 아이론 시술시 자주 사용되는 빗으로 섹셔닝을 하고, 머릿결을 가지런히 정리하는데 사용되며일반적으로 플라스틱 재질이 많고 외에도 열에 강한 재질로 만들어진 종류도 있다. 이것은 우슨 빗인가?

→ 꼬리빗

37 얼굴형 중 많은 전문가들이 가장 이상적인인 얼굴형이라고 말하며 어떤 헤어 스타일도 무난하게 소화해 내는 얼굴형은 무엇인가?

→ 계란형(장원형)

38 다음이 설명하는 열굴형은 무엇인가?

직선의 헤어라인과 직선의 턱선을 가지고 있고 연출법은 열굴 양옆에 층을 내주고 웨이브나 컬을 넣어 딱딱함을 분산 시켜 부드러움을 더한다. 가르마는 센터보다는 사이드가 낫고 앞머리는 일자형태를 피하도록 한다.

① 직사각형 ❷ 사각형 ③ 마름모형 ④ 역삼각형

중간고사 모범답안지

39 다음이 설명하는 얼굴형은 무엇인가?

높은 이마와 긴 턱을 가지고 있다. 가르마는 센터보다 사이드가 좋으나 길게 타지 않는 것이 더 중요하다. 이유는 자칫 얼굴 길이가 더 부각되어 보일 수 있기 때문이다. 앞머리는 눈썹보다 길게 내어 연출하여 주는 것이 좋다.

❶ 직사각형 ② 사각형 ③ 마름모형 ④ 역삼각형

40 마름모형의 연출법에 맞는 것은?

① 볼 쪽에 컬을 연출하여 볼륨을 주어 풍성한 느낌을 만든다.
② 어떤 헤어 스타일도 무난하게 소화해 낸다.
③ 앞머리를 내릴 경우 눈썹보다 위로 올라갈수록 얼굴이 길어보이는 효과를 줄 수 있다.
❹ 이마와 턱 쪽에 볼륨울 주어 풍성한 느낌을 연출하며 광대는 자연스럽게 가려준다.

41 헤어 파트 중 모류의 자연스러운 흐름 그대로 헤어스타일을 연출하는 파트는 무엇인가?

❶ 노파트 ② 센터 파트 ③ 사이드 파트 ④ 라운드 사이드 파트

42 헤어 파트 중 사이드 파트에서 직선이 아닌 라운드 라인으로 굴려 가르마를 타서 좀 더 부드러운 느낌을 연출할 수 있는 파트는 무엇인가?

① 노파트 ② 센터 파트 ③ 사이드 파트 ❹ 라운드 사이드 파트

참고문헌

- 열 퍼머넌트 시 1제 사용 여부에 따른 웨이브 형성도와 손상도에 관한 연구 (김관옥, 서경대학교 미용예술대학원 석사논문)
- BLOW DRY AND IRON(정년구 외, 청구문화사)
- 드라이 & 아이론(정찬이 외, 광문각)
- 헤어 드라이 & 아이론 이론과 실제(정희영, 훈민사)
- 헤어세트 & 드라이(이영미 외, 훈민사)
- 아이론(김주섭 외, 구민사)
- 블로우 드라이(김주섭 외, 구민사)
- CCC 헤어드라이(국제헤어디자인연구회, 청구문화사)
- 헤어 드라이 & 아이론(정희영, 훈민사)

저자약력

김관옥
동남보건대학교 뷰티케어과 교수

블로우 드라이 및 아이론
BLOW DRY AND IRON

초판 인쇄 | 2025년 5월 15일
초판 발행 | 2025년 5월 26일

지은이 | 김관옥
발행인 | 조규백
발행처 | 도서출판 구민사
(07293) 서울특별시 영등포구 문래북로 116, 604호(문래동3가 46, 트리플렉스)

전화 | 02.701.7421
팩스 | 02.3273.9642
홈페이지 | www.kuhminsa.co.kr

등록 | 제14-29호 (1980년 2월 4일)
ISBN | 979-11-6875-559-8 (93590)

값 32,000원